高质量发展背景下的工匠精神：
成效、机制与启示

赵 晨 著

北京邮电大学出版社
www.buptpress.com

内 容 简 介

在社会各界热议工匠精神的背景下,本书首先对现有工匠精神研究进行了系统性的梳理,总结了工匠精神的概念、实质、内涵和边界,尝试回答工匠精神究竟是什么、不是什么、为什么是、为什么不是等关键基础问题。其次,本书通过问卷调查,从个体动机、目标导向、创造力过程、工作投入与调节聚焦五个视角全面剖析了员工的工匠精神对员工双元行为、任务绩效、创新行为、主动性行为与建言行为等多种工作行为的作用成效和影响机制。最后,本书针对实证研究结果得出结论并提出建议,希望借此更加全面深入地理解工匠精神,进而为选择合适的途径来培育工匠精神提供启示。

本书适用于对工匠精神研究感兴趣的科研人员和学者,以及从事工匠精神培育实践的企事业单位管理者和制定工匠精神政策方针的政府决策者。

图书在版编目(CIP)数据

高质量发展背景下的工匠精神:成效、机制与启示 / 赵晨著. -- 北京:北京邮电大学出版社,2021.6
ISBN 978-7-5635-6392-0

Ⅰ. ①高… Ⅱ. ①赵… Ⅲ. ①职业道德—研究—中国 Ⅳ. ①B822.9

中国版本图书馆 CIP 数据核字(2021)第 125147 号

策划编辑:彭 楠　　责任编辑:王晓丹　左佳灵　　封面设计:七星博纳

出版发行:北京邮电大学出版社
社　　址:北京市海淀区西土城路 10 号
邮政编码:100876
发 行 部:电话:010-62282185　传真:010-62283578
E-mail:publish@bupt.edu.cn
经　　销:各地新华书店
印　　刷:北京九州迅驰传媒文化有限公司
开　　本:720 mm×1 000 mm　1/16
印　　张:13.5
字　　数:254 千字
版　　次:2021 年 6 月第 1 版
印　　次:2021 年 6 月第 1 次印刷

ISBN 978-7-5635-6392-0　　　　　　　　　　　　　　　　　　定价:68.00 元

· 如有印装质量问题,请与北京邮电大学出版社发行部联系 ·

前　言

工匠,在古代被称为手艺人,意为熟练掌握一门手工技艺并赖以谋生的人。中国古代工匠匠心独运,他们把对工作的热爱、对品质的苛求、对技艺的传承、对职业的敬畏、对内心的坚守,连同对人生的感悟,全部倾注于工作之中,创造出无数令后世叹为观止的民族瑰宝。中国的古代工匠们在创造物质财富的同时,也在孕育和传承着一种精神,即"工匠精神"。早在《诗经·卫风·淇奥》中,就把工匠对骨器、象牙、玉石进行加工形象地描述为"如切如磋,如琢如磨"。此句也在《论语·学而》中被子贡向孔子请教时所用,宋代朱熹在《论语集注》中将此解读为"治玉石者,既琢之而复磨之;治之已精,而益求其精也。"另外,《庄子·养生主》中的"庖丁解牛,技进乎道"、《尚书·大禹谟》中的"惟精惟一,允执厥中"以及清代赵翼《瓯北诗话·七言律》中的"日趋於新,精益求精,密益加密"等都是中国古代思想家对工匠精神的精彩诠释。

尽管工匠精神在我国源远流长,但其并不是中国文化或东方文化中的独特表达。工匠精神对应的英文单词是 craftsmanship。中国学者们在提及国外的工匠精神时,不仅会以同属东方文化体系下的日本文化为标杆,还会将西方文化体系下的德国文化视为典范。尽管同为工匠精神,但是不同文化背景下的工匠精神却有较大差异。作为一种个体的特定工作价值观,工匠精神长期受所属文化价值观的浸润。换句话说,我们现在倡导的工匠精神具有较强的民族性,或者说是中国特色。中国民族文化背景下的工匠精神一般具有丰富而深刻的内涵,而非西方研究中的单一含义所能比拟。另一方面,工匠精神除了具有较强的民族性,还具有很强的时代性。虽然与传统工匠精神一脉相承,但在当前,工匠精神又被赋予了"中国制造2025"、高质量发展、供给侧结构性改革等时代内涵。微观层面的个体工匠精神已经逐渐上升为凝聚全社会共识的时代精神。因此,这种新时代中国特色工匠精神与古代工匠精神和西方工匠精神逐渐表现出了较为明显的差别,非常有必要开展深入研究。

尽管绝对清晰的概念边界是不存在的,任何一个概念与相关概念之间必然会有一定的交叉重叠,但是一个独立的学术概念应该包括一个独特的内核,并以此为核心构建一个相对清晰完整的概念边界,否则无法作为一个独立概念而存在。工匠精神也是如此。因为中国文化下的"精神"二字包含诸多积极含义,通常被认为是人们改造物质世界过程中呈现出来的优良品格，或者是个人的超越体验以及对人生终极意义的回答。这使人们将工匠精神的内涵逐渐扩大，一些近似概念或工匠精神所引发的结果也被混入工匠精神的概念和内涵之中，由此使工匠精神的概念边界愈发模糊。例如，一些研究将专注和奉献视为工匠精神的核心内涵。事实上，专注和奉献已包含在工作投入这一成熟概念之中，其反映的是人们相对短期的工作状态，与工匠精神所代表的工作价值观相比更容易发生变化，适合作为工匠精神的结果变量使用。同理，个体创新行为也仅是工匠精神引发的一种行为表现，而且工匠精神所引发的创新行为更趋近于渐进式创新而非颠覆式创新。由此，在工匠精神研究如火如荼开展了多年后，工匠精神的含义越来越丰富，但同时也越来越模糊，工匠精神越来越包罗万象，但同时也逐渐丧失了独特性。

本书针对国内工匠精神研究概念本质不明确和边界不清晰的普遍问题，首先尝试回答工匠精神究竟是什么、不是什么、为什么是、为什么不是等关键基础问题，以及与工作投入、任务精通、主动担责、工作场所精神性、学习与创新等相关成熟概念进行辨析，明确工匠精神与这些概念之间的区别与联系，厘清工匠精神的概念边界，尽力避免让工匠精神这样一个富有鲜明时代性和民族性的优秀概念最终演变为囊括各种工作场所优秀品行但却缺乏独特性的空泛概念，失去一个讲好中国故事的绝佳话题。

在明确工匠精神概念、实质、内涵和边界等基础问题之后，借助作者研究团队开发的工匠精神量表，本书从个体动机、目标导向、创造力过程、工作投入与调节聚焦五个视角全面剖析了员工的工匠精神对员工双元行为、任务绩效、创新行为、主动性行为与建言行为等多种工作行为的影响机制。这不仅为工匠精神提供了更多预测效度方面的证据，同时也有效建立了工匠精神与多种工作结果之间的理论桥梁，丰富了工匠精神的已有理论成果。

最后，本书研究结论认为员工是企业进行工匠精神培育的关键性力量。在企业发展过程中，将工匠精神培育的重心放在对员工的招聘、培训与提拔上是切实可行的发展思路。同时，管理者应该提供合适的场景与资源激发员工的工匠精神特质，包括较高的工作自主性、弹性绩效考核体系、低竞争氛围与政治氛围等。本书研究结论表明，通过这些因素的塑造能够较好地激发员工工匠精神特质，从而产生积极的工作结果。

赵　晨

于北京邮电大学

2020 年 12 月 31 日

目　　录

第1章　引言 1

  1.1　研究出发点 1

    1.1.1　工匠精神的时代要求与实践背景 1

    1.1.2　工匠精神的现有研究局限 2

    1.1.3　本书研究的出发点与主要工作 3

  1.2　研究意义 5

    1.2.1　理论意义 5

    1.2.2　实践意义 6

  1.3　全书内容框架 7

第2章　工匠精神研究评述 9

  2.1　工匠精神的文献计量分析 9

    2.1.1　数据处理 9

    2.1.2　发文量变化 9

    2.1.3　主要期刊和研究领域 10

    2.1.4　主要研究者 11

    2.1.5　主要关键词 13

  2.2　工匠精神的概念及实质 14

  2.3　工匠精神的边界 23

  2.4　工匠精神的维度与内涵 26

2.5 工匠精神的测量工具 ···················· 30
2.5.1 服务业员工工匠精神量表 ·············· 31
2.5.2 制造业新生代农民工工匠精神量表 ········ 32
2.5.3 建筑工人工匠精神量表 ················ 33
2.5.4 品牌工匠精神量表 ··················· 33
2.5.5 通用型工匠精神量表 ·················· 35
2.6 工匠精神的前因后果 ···················· 37
2.6.1 前因 ···························· 37
2.6.2 后果 ···························· 39
2.6.3 工匠精神前因后果的研究展望 ··········· 40
2.7 工匠精神的培养路径 ···················· 43

第3章 研究设计与方法 ······················· 49
3.1 研究样本与数据搜集 ···················· 49
3.2 量表选取 ··························· 50
3.3 研究方法 ··························· 59
3.4 判定指标及标准 ······················· 61

第4章 自我决定视角下的工匠精神影响机制 ·········· 64
4.1 自我决定理论概述 ····················· 64
4.1.1 理论核心机制 ······················ 64
4.1.2 理论发展及其在工作场所研究中的应用 ····· 65
4.2 理论模型与假设发展 ···················· 68
4.2.1 工匠精神对内部动机的影响 ············· 68
4.2.2 工匠精神对外在动机的影响 ············· 69
4.2.3 内在动机对员工双元行为的影响 ·········· 70
4.2.4 外在动机对员工双元行为的影响 ·········· 71
4.3 数据分析结果 ························ 72
4.3.1 描述性统计 ······················· 72

4.3.2 信度检验 ··· 74
　　4.3.3 效度检验 ··· 74
　　4.3.4 共同方法偏差检验 ··· 76
　　4.3.5 相关性分析 ·· 78
　　4.3.6 结构方程模型分析 ··· 79
　　4.3.7 间接效应检验 ··· 82
　4.4 结论与讨论 ·· 83
　　4.4.1 研究结论 ·· 83
　　4.4.2 理论贡献与实践意义 ·· 85

第5章 目标导向视角下的工匠精神影响机制 ································ 87

　5.1 目标导向理论概述 ·· 87
　　5.1.1 理论核心机制 ··· 87
　　5.1.2 理论发展及其在工作场所研究中的应用 ····················· 88
　5.2 理论模型与假设发展 ·· 91
　　5.2.1 工匠精神对学习目标导向的影响 ································ 91
　　5.2.2 工匠精神对挑战掌握目标的影响 ································ 92
　　5.2.3 学习目标导向对员工任务绩效的影响 ························· 93
　　5.2.4 挑战掌握目标对员工任务绩效的影响 ························· 94
　5.3 数据分析结果 ··· 95
　　5.3.1 描述性统计 ·· 95
　　5.3.2 信度检验 ·· 96
　　5.3.3 效度检验 ·· 97
　　5.3.4 共同方法偏差检验 ··· 99
　　5.3.5 相关性分析 ··· 100
　　5.3.6 结构方程模型分析 ·· 102
　　5.3.7 间接效应检验 ··· 105
　5.4 结论与讨论 ·· 106
　　5.4.1 研究结论 ·· 106

5.4.2 理论贡献与实践意义 ·· 108

第6章 创造力过程视角下的工匠精神影响机制 ······························ 109

6.1 创造力过程理论概述 ·· 109
6.1.1 理论核心机制 ·· 109
6.1.2 理论发展及其在工作场所研究中的应用 ······················ 110

6.2 理论模型与假设发展 ·· 112
6.2.1 工匠精神对创造力自我效能感的影响 ························· 113
6.2.2 工匠精神对创造力身份认同的影响 ····························· 113
6.2.3 创造力自我效能感对员工创新行为的影响 ·················· 114
6.2.4 创造力身份认同对员工创新行为的影响 ······················ 115

6.3 数据分析结果 ·· 116
6.3.1 描述性统计 ·· 116
6.3.2 信度检验 ·· 118
6.3.3 效度检验 ·· 118
6.3.4 共同方法偏差检验 ·· 120
6.3.5 相关性分析 ·· 121
6.3.6 路径分析 ·· 122
6.3.7 间接效应检验 ·· 125

6.4 结论与讨论 ··· 126
6.4.1 研究结论 ·· 126
6.4.2 理论贡献与实践意义 ·· 128

第7章 工作投入视角下的工匠精神影响机制 ··································· 130

7.1 工作投入理论概述 ·· 130
7.1.1 理论核心机制 ·· 130
7.1.2 理论发展及其在工作场所研究中的应用 ······················ 131

7.2 理论模型与假设发展 ·· 134
7.2.1 工匠精神对员工活力的影响 ·· 134

		7.2.2 工匠精神对员工奉献的影响	135
		7.2.3 工匠精神对员工专注的影响	136
		7.2.4 工作投入对战略扫描的影响	136
		7.2.5 工作投入对反馈寻求的影响	137
		7.2.6 工作投入对问题防患的影响	137
	7.3	数据分析结果	138
		7.3.1 描述性统计	138
		7.3.2 信度检验	140
		7.3.3 效度检验	140
		7.3.4 共同方法偏差检验	142
		7.3.5 相关性分析	144
		7.3.6 结构方程模型分析	145
		7.3.7 间接效应检验	148
	7.4	结论与讨论	149
		7.4.1 研究结论	149
		7.4.2 理论贡献与实践意义	151

第8章 调节聚焦视角下的工匠精神影响机制 … 153

	8.1	调节聚焦理论概述	153
		8.1.1 理论核心机制	153
		8.1.2 理论发展及其在工作场所研究中的应用	154
	8.2	理论模型与假设发展	157
		8.2.1 工匠精神对促进聚焦的影响	157
		8.2.2 工匠精神对防御聚焦的影响	158
		8.2.3 促进聚焦对员工建言行为的影响	159
		8.2.4 防御聚焦对员工建言行为的影响	159
	8.3	数据分析结果	160
		8.3.1 描述性统计	160
		8.3.2 信度检验	162

8.3.3　效度检验 …………………………………………………… 162
　　8.3.4　共同方法偏差检验 ………………………………………… 165
　　8.3.5　相关性分析 ………………………………………………… 166
　　8.3.6　影响路径分析 ……………………………………………… 167
　　8.3.7　间接效应检验 ……………………………………………… 169
8.4　结论与讨论 …………………………………………………………… 170
　　8.4.1　研究结论 …………………………………………………… 170
　　8.4.2　理论贡献与实践意义 ……………………………………… 171

第9章　总结 …………………………………………………………… 173

9.1　本书的主要结论 ……………………………………………………… 173
9.2　本书研究的主要贡献 ………………………………………………… 176
　　9.2.1　本书研究的创新点 ………………………………………… 176
　　9.2.2　本书研究的实践意义 ……………………………………… 177
9.3　研究局限及未来展望 ………………………………………………… 178

参考文献 …………………………………………………………………… 182

致谢 ………………………………………………………………………… 202

第1章 引　　言

1.1　研究出发点

1.1.1　工匠精神的时代要求与实践背景

2020年,党的十九届五中全会正式提出,要加快构建以"国内大循环为主体、国内国际双循环相互促进的新发展格局"。在这样的发展思路下,我国对内应该加快产业升级与技术改革,推动各行业实现全面质量提升;对外应该推动我国产业迈向全球价值链上游,引导全球经贸体系重塑。在这个宏大的蓝图下,各企业"提质增效,苦练内功"成为时代的必然要求[1,2]。早在2016年,政府工作报告中便指出要鼓励企业培育精益求精的工匠精神,从而推动企业全面提质增效,在日益激烈的竞争环境中取得优势。而在此之后,"工匠精神"一词便屡屡出现在国家领导人的讲话与政府工作报告之中。2019年9月,习总书记在公开讲话中指出要在全社会弘扬精益求精的工匠精神,激励广大青年走技能成才、技能报国之路。仅仅两天后,习总书记在看望大兴国际机场建设工作人员代表时强调,大兴国际机场体现了中国人民的雄心壮志和世界眼光、战略眼光,体现了民族精神和现代水平的大国工匠风范。因此,工匠精神作为新时代的价值观对于大国工程、大国担当、大国崛起具有重要意义[3]。

对工匠精神的追求不但来源于时代的需要,更是标杆型企业成功的经验[4]。华为多年来追求产品的"零缺陷",并围绕"质量优先"战略构建了一套坚实的质量体系。为解决某款热销手机生产中一个非常小的缺陷,华为荣耀曾经关停生产线重新整改,影响了数十万台手机。正是对工匠精神的极致追求,使得企业上下形成了共同的价值观,从而在制度和文化两方面"将质量进行到底"。无独有偶,中国中车在高铁的研发与生产过程中强调"一口清,一手精,实名制"。所谓"一口清"就是在生产工人的班前会上,随机抽一名员工站在 6 米开外,高声背诵出自己的工艺文件和操作流程。"一手精"是对员工严格执行标准的考察,几年来,在 4 万人次的抽查考验中,员工的一次通过率达到 99.99%。"实名制"就是每个员工完成每一道工序之后贴上自己的名字,并对其终身负责。这些看似苛刻的要求是高速动车组严谨制造、"标准为王"的工匠精神最好的体现,也成就了我国高铁制造在全世界的领先地位。工匠精神并不局限在制造业,在服务业也有很好的体现[5]。如家酒店集团董事长孙坚指出,在当前的新形势下,酒店业应将自身的工匠精神与市场对接,从而在激烈的竞争中赢得市场优势。而安缦、洲际、凯宾斯基等国际标杆酒店的经营实践也很好地印证了这一点。在各个行业标杆企业的成长过程中都能够看到工匠精神的关键作用。

1.1.2 工匠精神的现有研究局限

正是在这样的背景下,学界对工匠精神的研究开始呈现井喷式发展。2015 年全年工匠精神的 CSSCI 检索发文量仅五篇,而截止到 2020 年 11 月,相关主题 CSSCI 累计发文量已经超过 540 篇。在这样如火如荼的研究发展中,各个学科领域均对工匠精神的概念边界与作用进行了初步探索。工匠精神从一个现象正式转变为一个学术概念,学者们对其的认识也在不断加深。已有研究指出工匠精神能够激发员工主动性、提高产品质量,还能够提高企业的绩效,增强企业的社会责任感[6-8]。更进一步地,部分研究指出工匠精神培育是我国产业提升的重要思路,有利于我国在世界市场竞争中扩大优势,从而获得更多的市场话语权[9]。但在这个过程中,相关研究也存在诸多不足,主要包括与现有研究脱节、概念边界含糊不清、缺少实质性的机制检验等问题。具体而言有以下几点。

(1) 与现有研究脱节。针对工匠精神的理论探究文献已经比较充分,但大多停留在简单的现象描述层面,缺乏和已有研究体系的有效对接。从宏观来看,工匠精神究竟是一种文化内涵还是时代精神?从企业层面来看,工匠精神是高管团队的经营理念还是企业集体氛围,抑或是一种独特的企业能力?从个体来看,工匠精神究竟是一种工作价值观还是工作行为?虽然各个领域的研究者均对工匠精神这一概念有所触及,但在不同领域之间还存在分歧,即使在同一个领域内也有争议。导致这种现象最直接的原因是目前对工匠精神的研究大都还停留在现象阐释阶段,没有将其与各个学科已有的研究体系进行对接。缺少这个耦合的过程使得工匠精神难以在某个领域内形成共识,同时也不能有效地将各个领域的理论工具引入工匠精神的研究中。

(2) 概念边界含糊不清。现有研究中,工匠精神尚未形成有效的概念边界。部分学者虽然借助工匠精神这一概念对经济与管理现象进行剖析,却没有指出工匠精神的边界及与其他概念的区别。例如,部分研究将企业研发支出、薪酬组成等会计指标用于衡量工匠精神,但是没能很好地解释这些指标为何能够代表企业的工匠精神,也没能阐释这些指标形成的构念与企业创新投入等已有概念有何区别[10,11]。这样的现象在工匠精神已有研究中并不鲜见,这便造成了什么是工匠精神、什么不是工匠精神的认知混乱。如果学界对工匠精神的概念无法达成共识,那么无疑非常不利于学者之间的学术对话。反之,如果任何现象都能被视为工匠精神的体现,那么这一构念存在的合法性便有待进一步阐释。

(3) 缺少实质性的机制检验。已有研究不乏对工匠精神的理论探讨与机制构建,但遗憾的是工匠精神的有效性及影响路径很少得到检验。出现这一问题的原因是多方面的:一方面由于工匠精神的概念内涵存在争议,因此缺少有效的测量工具;另一方面,已有研究对工匠精神的有效性完全基于现象进行描述,而缺乏有效的理论推导。这两方面的原因都造成了工匠精神研究中机制检验缺失的现象。这一缺陷使得学界与业界对工匠精神的认识陷入了认知黑箱,无法清晰地了解工匠精神发挥作用的具体过程,同时也不利于确立对工匠精神作用边界的具体认识。

(4) 缺乏对工匠精神培育路径的研究。业界对工匠精神培育有迫切的需求,但往往不得其门而入。出现这一现象的原因之一在于学界没能对此给出很好的回应。现有文献虽然初步剖析了工匠精神的内涵,但对于如何培育工匠精神缺乏明确的思路与方向。因此,这便导致了工匠精神口号满天飞却缺乏配套措施的尴尬局面。

总的来说,学界完成对工匠精神的初步探索后,正处于"举目四望,一片茫然"的状态。在这种背景下,迫切需要对工匠精神现有的研究成果进行整合,促进领域内的学者达成共识,开启工匠精神的影响机制与培育路径研究,使各个学科之间能够进行对话,进而实现工匠精神主题在不同学科体系下的融合发展。

1.1.3 本书研究的出发点与主要工作

基于这样的出发点,本书将基于个体微观视角探究工匠精神的有效性,揭示工匠精神的影响及作用机制。具体而言,本书将探究企业员工的工匠精神及其工作后果,从多方面揭示工匠精神在个体层面的重要作用。本书以微观视角为落脚点,主要出于以下几个方面的考虑。

(1) 工匠精神这一概念直接来源于员工的工作表现。工匠精神来源于过去对手艺人工作技艺与态度的评价,而在当前的语境中也常用来指代某些个体的状态(如工程师、设计人员等)[12]。在此之后,工匠精神逐渐扩展到组织与社会层次。本书从个体微观视角切入该议题,有利于揭示工匠精神的本源与实质,进而厘清该概念的演化过程。

(2)员工是企业创造活动的基础性力量。企业的一切价值创造活动均直接来源于员工的个体性活动,因此员工的工作态度、工作行为与工作绩效对于组织成败殊为关键[13]。本书以员工心理及行为作为研究切口,关注到了员工在企业创造活动中的关键作用,有效地回应了当前员工导向、人本导向的学术思潮。

(3)为工匠精神的有效培育提供抓手。培育工匠精神的口号提出至今已经将近五年,各行各业都认识到了工匠精神对企业的关键性作用[14]。但遗憾的是,除了几个标杆型企业依旧独树一帜,其他追随者尚没有找到合适的工匠精神培育路径。造成这种现象的客观原因是工匠精神的现有研究没能指出合理的培育工匠精神的落脚点。本书以个体员工作为切入点,为企业培养员工的工匠精神、提高企业的竞争力提供了有力抓手。

(4)为工匠精神从微观到宏观的涌现研究奠定基础。工匠精神的内涵在时代背景下于管理实践中爆发出惊人的活力,因此很有必要揭示工匠精神的时代内涵。本书的观点认为,工匠精神诞生于个体层面的工作行为评价。而这种微观现象通过组织的放大将涌现为一种企业能力或者企业价值观,从而为企业在日益复杂的竞争市场中取得突出性优势[15]。进一步地,工匠精神还会从企业层面上升为一种社会氛围或者价值取向[16, 17]。而要探究这一涌现过程的基础便是需要明晰工匠精神在微观视角下的具体内涵,因此本书的关注焦点便集中在这一议题上。

基于已有研究基础,本书将工匠精神定义为一种个体在当前工作中所持有的特定工作价值观,其反映了人们内心所坚信的那些值得为之奋斗的多种工作目标,这些工作目标决定了人们对工作场所行为的偏好,同时也为人们的选择和行动提供内在准则[18]。为了全面剖析工匠精神在个体层面的有效性,本研究将首先系统性地回顾工匠精神已有的研究。随后基于组织行为学理论,从个体动机、目标导向、创造力过程、工作投入与调节聚焦五个视角揭示员工工匠精神对员工工作结果的影响机制。基于以上多角度、立体化的解释机制的构建与检验,本书力求全面剖析员工工匠精神对不同工作行为的影响路径,并为员工工匠精神的有效培育提供理论指导。

1.2 研究意义

1.2.1 理论意义

在工匠精神概念初步成型的阶段,本书在理论上具有以下几方面的重要意义。

(1) 系统性地梳理与总结工匠精神的已有研究成果。工匠精神这一概念过去五年来受到了诸多学者的关注,研究总量已经比较丰富。各个领域的学者均从自身的角度对工匠精神进行解读与阐释,这固然使得工匠精神的内涵更为丰富,但同时也造成了"千家千言,自说自话"的现象。所以对现有研究和各个观点进行系统性的梳理尤为必要。一方面通过横向比较寻找共识、总结分歧,从而使得关于工匠精神的学术对话能够有序进行;另一方面,通过纵向梳理该议题的发展脉络能够厘清关键的研究路线,确定已有的研究成果。在防止学界重复性研究的同时,能够很好地基于已有成果进一步深挖工匠精神的本质。

(2) 从微观视角剖析工匠精神的边界及内涵。已有研究对于"工匠精神是什么?不是什么?"这些基础性问题没有能够给出很好的回应。这背后一个重要原因是现有研究没能很好地完成将工匠精神从现象抽象为学术概念的工作,这使得工匠精神研究与各领域庞大的理论体系产生了脱节[19]。这种脱节使得工匠精神在现有理论体系中的定位含混不清,难以对其进行有深度的剖析与解构。而本书基于微观视角梳理了工匠精神的成果,提出工匠精神是员工的一种工作价值观,其本身具有较为丰富的理论维度。这样的工作使得工匠精神这一概念很好地与价值观研究对接,形成了基于实践丰富理论的良性结果。

(3) 从多个角度利用多个理论建立员工工匠精神对工作结果的解释机制。工匠精神产生的结果已经被广泛探究,但遗憾的是他们大都是在现象层面进行简单的描述。理论逻辑的缺位使得工匠精神与结果之间存在着理论黑箱,学界与管理者无法有效窥探工匠精神发生作用的过程。为此,本书基于自我决定理论、目标导向理论等经典理论从五个角度全面剖析了工匠精神对员工行为的影响机制。这一全面的影响机制的构建过程有效回应了工匠精神现有研究的不足,丰富了工匠精神的已有理论成果。

(4) 建立工匠精神与多种员工工作结果之间的桥梁。工匠精神究竟会如何影响员工行为？针对不同的行为又有怎样的解释机制呢？本书认为工匠精神作为一种典型的工作价值观，会与员工的双元行为、任务绩效、创新行为、主动性行为与建言行为等多种工作行为建立联系。而由于各个工作结果的特殊性，工匠精神对他们的影响路径存在较大差异。为此，本书从个体动机、目标导向、创新资源与身份等角度深入剖析工匠精神与工作结果之间的关系，有效建立了工匠精神与多种工作结果之间的理论桥梁。

（5）利用多个样本检验工匠精神的影响机制的有效性。现有研究针对工匠精神的积极影响进行了诸多演绎，但很少有研究进一步证明工匠精神的有效性。本书认为，工匠精神并非"大水漫灌式"的积极概念，会毫无边界地产生各种积极影响。工匠精神产生积极后果的过程必然存在明显的影响路径，并且路径的有效性存在具体的边界。如果不能证明这些路径的有效性并厘清具体的影响边界，那么学界对工匠精神的认识便难以做到客观全面。因此，本书将借助两个企业的样本验证工匠精神机制的有效性，为该议题的发展做出有益探索。

1.2.2　实践意义

就企业的管理实践而言，本书的研究具有以下几方面的重要意义。

（1）有助于管理者理解工匠精神的实际内涵。工匠精神的积极影响有目共睹，但业界对于工匠精神的理解却存在极大偏差。在现有的实践过程中，部分企业将质量控制标准、人才培养力度、技术创新投入等要素等同于工匠精神，并将其作为企业工匠精神培育的发力方向，比如建立严格的产品质量验收体系等[20,21]。但事实上，这些理论都或多或少地出现了概念偏差。本书通过对工匠精神内涵的澄清与挖掘，指出工匠精神是一种员工自身的工作价值观。这一概念的明晰有利于企业管理者厘清发展思路，寻找正确的发展方向。

（2）有助于激发员工主动性，提高员工工作绩效。如何提高员工工作积极性一直都是管理者关注的难题，本书为这一问题的解决提供了更加多样化的思路。工匠精神是员工的工作价值观，具有工匠精神特质的员工往往表现出更高的工作主动性，进而取得较高的工作绩效。因此，企业管理者应该在员工的招聘与选拔过程中，关注他们的工匠精神特质，从而将他们调派到合适的工作岗位上去。同时，在员工的培训与激励过程中应该注意方式方法，切实培育员工的工匠精神。

（3）有助于提高员工创造力，建设良好的工作氛围。在知识导向与创新导向的发展背景下，企业的创新氛围与员工创造力培养成为一个关键性问题。在已有的诸多研究的基础上,本书从人格特质的角度给出了相应的回应。具有工匠精神的员工具有较强的创新驱动力,同时也更加享受精益求精的探索过程。因此,工匠型员工更加适合创新要求较高的岗位。与此同时,工匠型员工更加具有面向工作过程的建言倾向,有利于工作团队氛围的营造。

(4) 为员工工匠精神的培育提供了理论指导。工匠精神带来的积极影响备受关注,但现有研究缺乏对于工匠精神培育过程的研究。这一研究的缺位使得业界在对工匠精神推崇备至的同时缺乏实质的落脚点,而本书则从员工的层面给出了恰当的回应。本书梳理了员工工匠精神的影响机制,并对影响路径的有效性进行了数据检验。这使得工匠精神产生积极影响的过程不再是个简单的黑箱,影响路径的明晰使得管理者能够因势利导,在培育员工工匠精神的同时推动企业发展。

1.3 全书内容框架

工匠精神无论是对学界还是业界均具有重要意义。为了应对业界的迫切需求与学界的研究不足,本书基于微观视角构建工匠精神的解释机制。从个体动机、目标导向、创造力过程、工作投入与调节聚焦五个视角全面剖析员工工匠精神对员工工作结果的影响机制,以寻求对工匠精神积极作用及其路径的有效解答。具体而言,本书的关注焦点包括以下几个问题。

(1) 工匠精神是什么?其概念、内涵与理论边界如何确定?
(2) 在已有研究中,工匠精神的前因、后果及边界有哪些?
(3) 从个体动机的角度来看,工匠精神如何促进员工的双元行为?
(4) 从目标导向的角度来看,工匠精神如何影响员工的任务绩效?
(5) 工匠精神如何影响员工的创新行为?影响过程是怎样的?
(6) 工匠精神如何影响员工的工作投入?又会产生什么样的工作结果?
(7) 工匠型员工会踊跃建言吗?这种机制是如何产生的呢?

为了有效解决以上问题,本书首先对工匠精神的已有研究进行整体性回顾。随后,通过自我决定理论、目标导向理论等经典理论从五个角度建立工匠精神的解释机制,并利用两个企业样本进行假设检验(详见表1.1)。在本书的最后,全面总结本书的发现与不足,并展望工匠精神未来的研究发展。

表 1.1 研究内容及目标

章节	内容	角度	总目标
前言及文献	◎前言 ★工匠精神的背景、发展过程与重要意义,指出本书研究的实践出发点 ★工匠精神已有研究成果及存在的问题,确定本书研究的理论出发点		
	◎已有研究回顾 ★已有研究中工匠精神的概念内涵、维度划分与测量工具 ★已有研究中工匠精神的前因、后果及边界,回顾工匠精神的培育路径		
工匠精神的作用机制研究	◎研究设计与方法 ★根据研究目标选取了两个代表性样本进行数据收集,测量工具均来源于成熟量表 ★明确问卷数据质量与假设检验方法,确定各指标的判定标准		基于多角度、多理论与多样本全面剖析工匠精神对员工心理与工作行为的影响机制
	◎自我决定视角 ★基于自我决定理论,以员工内外部动机为中介构建工匠精神作用机制的双路径模型 ★揭示工匠精神对员工双元行为的重要作用 ★为企业培育工匠精神与提高双元行为提出建议	★从个体动机的角度剖析工匠精神的作用机制及其行为结果	
	◎目标导向视角 ★基于目标导向理论,以员工目标导向为中介构建工匠精神作用机制的双路径模型 ★揭示工匠精神对员工任务绩效的重要作用 ★为企业培育工匠精神与提高任务绩效提出建议	★从员工目标的角度剖析工匠精神的作用过程及工作结果	
	◎创造力过程视角 ★基于员工创造力过程视角,以创造自我效能与身份认同为中介构建工匠精神作用机制的双路径模型 ★揭示工匠精神对员工创新行为的重要作用 ★为企业培育工匠精神与鼓励员工创新提出建议	★从员工创新资源与自我概念的角度剖析工匠精神的作用过程	
	◎工作投入视角 ★基于工作投入视角,以员工的工作投入为中介构建工匠精神作用机制的多路径模型 ★揭示工匠精神对员工主动性行为的重要作用 ★为企业培育工匠精神与提高积极性提出建议	★从员工工作状态的角度揭示工匠精神对主动性行为的影响	
	◎调节聚焦视角 ★基于调节聚焦视角,以促进聚焦与防御聚焦为中介构建工匠精神作用机制的双路径模型 ★揭示工匠精神对员工建言行为的重要作用 ★为企业培育工匠精神与鼓励员工建言提出建议	★从员工注意倾向的角度揭示工匠精神对建言行为的影响	
结论	◎研究结论 ★对本书的研究进行系统性梳理,总结主要结论、研究意义与创新点 ★指出本书研究的局限,并进行工匠精神未来研究的展望		

第 2 章　工匠精神研究评述

2.1　工匠精神的文献计量分析

2016 年,工匠精神首次出现在政府工作报告中,该报告指出"要鼓励企业开展个性化定制、柔性化生产,培育精益求精的工匠精神"。随后,工匠精神又连续出现在 2017 年至 2019 年的政府工作报告中,并在其他各类场合被党和国家领导人反复强调。有关工匠精神的研究也迎来了一波热潮。

2.1.1　数据处理

以"工匠精神"为关键词,在中国知网(www.cnki.net)中搜索 2010 年 1 月到 2020 年 12 月发表于 CSSCI(含扩展版)期刊的关于工匠精神的期刊论文题录。剔除其中明显与主题不相关的文献,得到近十年相关研究的文章数量如图 2.1 所示。

2.1.2　发文量变化

自 2016 年,有关工匠精神的研究文献数量出现了前所未有的大幅增长,并在之后的几年时间里保持较高热度。过去十年,工匠精神相关研究在 CSSCI(含扩展版)期刊上的总发文量为 544 篇。年发文量变化如下:2015 年及以前,鲜有关于工匠精神的研究;从 2015 年到 2017 年,相关研究的数量出现较大增幅;2018 年,研究数量回降,后又于 2019 年出现小幅上升;2020 年,可能受当年全球疫情的影响,工匠精神相关研究的数量出现大幅下降。

总体来看,近几年来,工匠精神相关议题迎来研究热潮。这是因为,在"中国制造 2025 战略"实施背景下,弘扬工匠精神是提质增效的重要途径,不仅能够配合供给侧结构性改革,摆脱我国长期处于全球价值分工低端的窘境,实现从制造业大国向制造业强国的转变[22],同时也是应对以贸易保护主义为代表的反全球化逆流,通过原发性创新打破技术封锁的关键所在。

伴随着社会上下对工匠精神的热烈讨论及对其回归的重视,结合新时期时代背景开展新型工匠精神研究的必要性日益凸显。工匠精神不仅成为指导企业管理的核心价值导向,甚至上升为凝聚全社会共识的时代精神与民族文化。

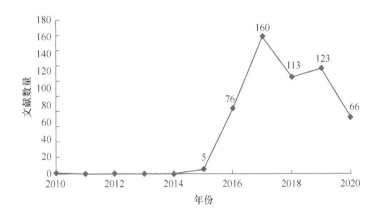

图 2.1　近十年 CSSCI(含扩展版)工匠精神研究文献数量统计

2.1.3　主要期刊和研究领域

对 2010 年 1 月至 2020 年 12 月之间发表于 CSSCI(含扩展版)期刊上的工匠精神相关研究,按照来源期刊分组统计,结果如图 2.2 所示。工匠精神的现有研究主要涵盖社会学、传播学、艺术学、教育学等领域。在这些研究中,一部分学者认为工匠精神的社会化将通过社会价值导向的转变,来引导人们注重创新,进而对推动高质量发展产生重要意义。特别是在新生代人才的培养过程中,工匠精神的教育渗透将为工匠精神的长远发展奠定基础[22]。也有学者认为,工匠精神源自中华民族的文化基因,并试图通过钻研中华民族传统工匠文化,发现工匠精神的深层底蕴,重拾这一特殊的文化遗产并提升当代从业者的技术水准和美学素养[23-26]。所以,无论是促进工艺或品质的提升,还是引导社会价值观、推动高质量发展并实现供给侧改革,工匠精神一直是各领域学者争相讨论的议题。这也反映出其背后宝贵的理论价值和实践价值。

通过图 2.2 可以看出:相关研究总发文量最高的是《人民论坛》,共发表了 24 篇以工匠精神为主题的论文;相关研究总发文量大于或等于 10 篇的期刊还包括《出版广角》《中国编辑》《装饰》《中国高等教育》《学校党建与思想教育》《中国出版》《当代电视》

《中国高校科技》《编辑学报》《传媒》《科技与出版》。

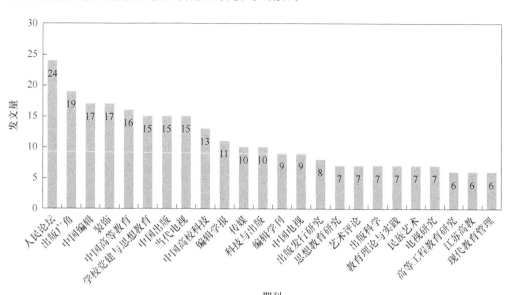

图 2.2 工匠精神研究文献来源期刊统计

2.1.4 主要研究者

通过对 2010 年 1 月至 2020 年 12 月之间于 CSSCI(含扩展版)期刊上发表的工匠精神相关研究论文的作者进行统计,目前研究过工匠精神的主要学者及其相关期刊论文数量如图 2.3 所示。

其中江苏师范大学传媒与影视学院教授潘天波总发文量最多,其认为工匠精神是一种稳定的价值观,是手作文化的定型形态[27],并提出了工匠精神的广义本质,即工匠在劳动过程中形成的行为、信仰和理想的价值观念综合体[28]。其余总发文量排在前 5 名的作者分别为常州大学教授张宏如、常州大学副教授李群、中国劳动关系学院副研究员李珂、南京航空航天大学副教授周菲菲。

利用 NoteExpress 的"数据分析"功能,我们得到上述作者的合作网络如图 2.4 所示。其中,来自常州大学商学院的张宏如、李群、蔡芙蓉、栗宪等人合作次数较多,发表了《工匠精神与制造业经济增长的实证研究》[29]《制造业工匠精神与科技创新能力耦合关系及区域差异研究——基于全国内地 31 个省级区域面板数据的分析》[30]等代表性文章。这些文章主要通过对工匠精神进行综合评价,来探索工匠精神与地区制造业经济增长的关系和地区科技创新能力的关系。

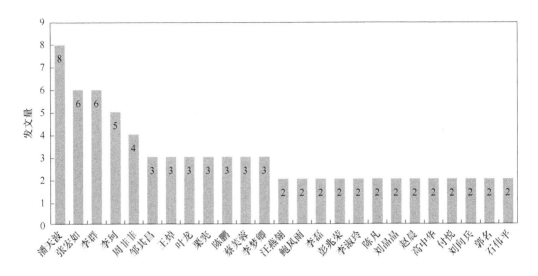

图 2.3 "工匠精神"主题论文主要作者

(CSSCI 含扩展版,图表版面有限,未能全部展示)

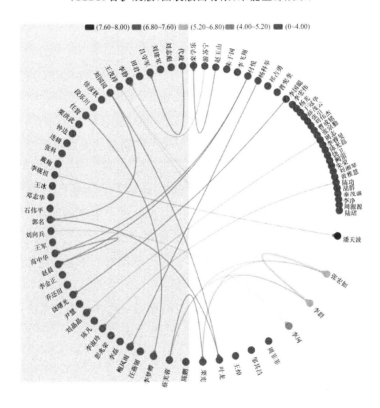

图 2.4 作者合作网络

2.1.5 主要关键词

2010年1月至2020年12月,于CSSCI(含扩展版)期刊上发表的工匠精神相关研究论文的主要关键词如表2.1所示。其中"工匠精神"一共出现384次,"新时代""编辑""创新""职业教育""工匠""工匠文化""大学生"等关键词出现的频率较高,均在10次以上。这反映了当前学者将研究内容聚焦于新时代背景下的工匠精神,并着手于工匠精神的培养、教育和社会化。同时,"中国制造""社会主义核心价值观""供给侧结构性改革""中国制造2025"等关键词也频繁出现,说明当前学者的研究倾向于结合中国情境,在讲中国故事的同时,提出中国方案和中国智慧。

表 2.1 "工匠精神"主题研究主要关键词

关键词	词频	关键词	词频	关键词	词频
工匠精神	384	学者型编辑	6	马克思主义	4
新时代	18	高质量发展	6	技能人才	4
编辑	17	职业院校	6	校企合作	4
创新	15	思想政治教育	6	大国工匠	4
职业教育	14	出版	5	手工业	4
工匠	13	制造强国	5	职业素养	4
工匠文化	11	供给侧改革	5	工业化	4
高职院校	11	创客教育	5	立德树人	4
大学生	10	供给侧结构性改革	5	扎根理论	3
劳模精神	9	中国制造2025	5	自主创新	3
精益求精	9	产教融合	5	技术理性	3
人才培养	9	设计	5	手工技艺	3
现代学徒制	8	高校	5	文化自信	3
制造业	8	科技期刊	5	德国	3
当代价值	8	融合	4	研讨会	3
中国制造	8	编辑素养	4	辅导员	3
高职教育	7	路径	4	"一带一路"	3
培育路径	7	职业精神	4	文物修复	3
社会主义核心价值观	7	传统手工艺	4	现代职业教育	3
传承	7	企业家精神	4	高等职业教育	3

最后,为反映现有研究中上述关键词之间的联系程度,我们绘制了文献主题地图,如图 2.5 所示。

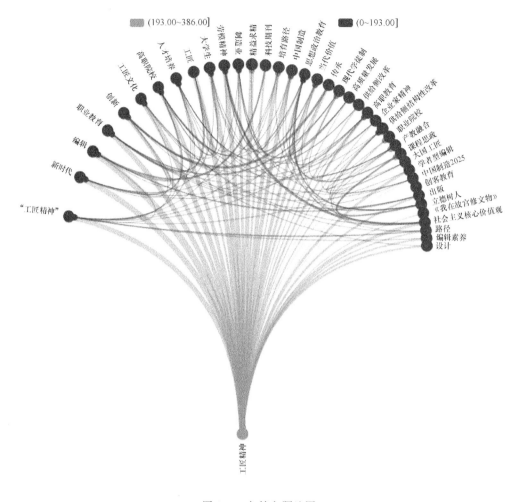

图 2.5 文献主题地图

2.2 工匠精神的概念及实质

工匠精神越来越受社会各界的关注,尤其是 2016 年工匠精神首次出现在政府工作报告中后,与之相关的研究文献数量大幅提升。在万方数据知识服务平台(www.wanfangdata.com.cn)输入关键词"工匠精神"搜索可以发现,近年来相关研究迎来了一波热潮,特别是在2016年前后相关文献数量大幅增加。

虽然工匠精神近年来受到社会各界的广泛关注,但是现有研究对工匠精神的界定相对模糊,学术界对工匠精神的概念及实质说法不一。

为了解工匠精神的研究现状,本书以"工匠精神"为关键词,对期刊在发表的当年被中国社会科学引文索引(CSSCI)收录的文献进行篇名检索,最终筛选出2015年到2020年五年间发表的153篇文献,被选文献涉及哲学、经济、教育、伦理、社会学、管理学等多个学科领域。

目前,学术界对工匠精神的理解主要包括以下几种视角:(1)精神视角;(2)价值观视角;(3)态度视角;(4)伦理视角。

部分学者将工匠精神解读为精神上的追求。李宏伟和别应龙(2015)提出,工匠精神是工匠们"对设计独具匠心、对质量精益求精、对技艺不断改进、为制作不竭余力"等四个方面的理想精神追求,并认为工匠精神包含尊师重教的师道精神、一丝不苟的制造精神、求富立德的创业精神、精益求精的创造精神和知行合一的实践精神等五种内涵[31]。这个定义也被李静[32]、喻术红[33]等人在后续的研究中引用。从狭义的角度解读工匠精神,周菲菲(2016)认为狭义上的工匠精神除了是工匠们在工作当中精益求精的精神追求外,还是一种工作态度,并认为工匠精神中存在中国的传统文化基因[25]。席卫权(2017)则从教育角度对工匠精神进行剖析,认为工匠精神是一种在当今时代背景下,以对技艺探究、勤勉敬业等方面的价值判断为基础而产生的精神追求[34]。

有些学者将工匠精神提升为一种精神境界。饶卫、黄云平等人(2017)认为工匠精神的核心是"持久专注",并以"精益求精""追求卓越"为目标,以"创新进取"为行动方式,是对顾客、产品和工具负责的使命感和情感归属[35]。张培培(2017)认为工匠精神是在精益求精、追求品质的过程中,由对工作的热爱而达到的精神境界,并在此基础上强调新时代的工匠精神将更注重创新、现实统一以及个体自主性和价值的凸显[36]。翟志强(2018)指出工匠精神是一种职业素养和道德,并将其推广为从业者安身立命、为人处世的道德品质、精神境界和信仰追求[37]。张璟(2017)则从物质变化的角度解读工匠精神,认为其是生产过程中高度专注、全神投入的精神信念[38]。

同样从精神视角理解工匠精神,有些学者认为工匠精神本质上是一种精神理念。肖群忠和刘永春(2015)提出,工匠精神是一种对工作精益求精、追求完美与极致的精神理念,其内涵包括严谨细致、坚守专注、自我否定和精益求精等四个方面的工作品质[39]。这个定义后续被叶美兰[40]、葛宣冲[41]等人引用。蔡秀玲和余熙(2016)认为工匠精神是传统工匠形象精神内核的提炼,并为该定义补充了"精雕细琢"这一理念[42]。

他们还认为工匠精神是一种群体的精神特征,而非散见于个体的品质。阚雷(2016)则将视角聚焦于工匠个体及其产品,认为工匠精神是工匠对自己的产品精雕细琢、精益求精的精神理念,并且认为具有工匠精神的人享受不断改进产品的过程[43]。这一定义被金凭[44]、赵居礼[45]、农春仕[46]等人广泛引用。除了精益求精等理念,汤艳和季爱琴(2017)在诠释了"工匠"的含义之后,提出了工匠精神具有勇于创新的一面,认为工匠精神是指对所从事的工作精益求精、勇于创新、认真严谨的精神理念[47]。张昭阳(2016)则从狭义和广义两个视角解读了工匠精神:在狭义视角下,工匠精神是匠人身上追求完美、精益求精的态度和特质;在广义视角下,工匠精神为从业过程中这种态度和特质在每个从业人员身上所凝结的精神理念[48]。这个定义后来被方阳春[49]、朱祎[50]等人引用。

部分学者将工匠精神定义为一种精神品质。郜云飞(2016)认为工匠精神的核心是精益求精,且具有多重含义,不仅是一种精工制作的职业意识,还可以理解为一种技能,乃至精神品质[51]。王世伟(2017)从时代发展的角度出发,认为传统工匠不再适用于社会发展和时代进步,提出"智慧工匠"的概念并认为智慧工匠精神是一种爱岗敬业、精益求精、追求卓越的精神品质和价值导向[52]。张允、卜鹏等人(2017)认为工匠精神指的是生产者在制作或工作中严谨专注、注重创新、精益求精、追求完美的精神品质,这契合了汤艳和季爱琴等人提出的精神理念[53]。蒋华林和邓绪琳(2019)进一步描述了这种精神品质,认为其突出特点在于对知识创新、技术革新、产品质量等方面的严格要求和精雕细琢,甚至到达偏执的地步[54]。

也有学者从特定精神视角看待工匠精神。徐耀强(2017)认为工匠精神是由职业道德、职业能力、职业品质体现出来的职业精神[55];周民良(2017)将工匠精神描述为专业、执着、敬业、守规的职业精神[56];王振海(2019)将工匠精神描述为以敬业奉献、精益求精、专注创新等为主要内容的职业精神[57]。雷杰(2020)认为工匠精神是以爱岗敬业、精益求精、求实创新、追求卓越为内核的劳动精神[58]。李林(2019)将工匠精神描述为劳动精神,同时也是一种与时俱进、求新求异、独具匠心的创新精神[59]。张树辉(2017)则将工匠精神理解为一种人文精神[60]。也有一些文献将工匠精神描写为生产精神[61]、行业精神[26]、质量精神[62]、自我完善精神[63]等,在此不再展开。

除此之外,也有学者认为工匠精神是由多种精神构成的系统,例如刘自团、李齐、尤伟等人(2020)提出,工匠精神包括技艺传承的"道乘精神"、存乎一心的"志业精神"、笃行信道的"伦理精神"、追求极致的"超越精神"、致知力行的"实践精神"等五种精神内涵[64]。李娟(2019)提出,工匠精神是由追求卓越的创造精神、精益求精的品质精神、用户至上的服务精神构造的,由工匠传承并发扬的职业伦理精神[65]。

在价值观视角下,学者们对工匠精神的解读主要分为价值观、价值导向和价值取向。

潘天波(2016)认为工匠精神是一种稳定的价值观,是手作文化的定型形态[27]。他在另一篇文章(2019)中进一步提出了工匠精神的广义本质,即工匠在劳动过程中形成的行为、信仰和理想的价值观念综合体[28]。这说明工匠精神在某种程度上可以被理解为一种稳定的价值观体系。王焯(2016)从企业视角出发,在对老字号企业的两次全国性调查后,认为工匠精神是老字号企业的核心竞争力和价值优势,是一种群体共识的价值理念[66]。李金正(2017)通过分析语言与历史的演化,认为现代意义上的工匠精神是指制造者在工作过程中尽心竭力、精益求精和一丝不苟的价值理念[67]。

王世伟(2017)认为工匠精神是一种精神品质,同时也承认其是一种爱岗敬业、精益求精、追求卓越的价值导向[52]。曾颢和赵曙明(2017)分析了工匠精神在组织变迁历史中的变化,提出当代工匠精神的实质是以爱岗敬业、专注、踏实的高度职业化认知与潜心钻研、精益求精的创新能力为内核的人对工作的主导性,是支撑"中国制造2025"战略实施的核心价值导向[68]。

张莉(2019)同样认为工匠精神对"中国制造2025"战略具有重要意义,她从个人、社会和国家三个层面出发,提出工匠精神具有职业精神品质、价值取向和时代追求等多重含义[69]。江宏(2017)在对他人研究的总结中得出,工匠精神是一种价值取向,包含着对特定经济价值、真理价值、伦理价值和审美价值的追求(然而他本人有不同的解读)[70]。王晨和杜霈霖(2018)认为在微观视角下,工匠精神是一种精神品质,但随着价值的创造、扩大和外显,在获得社会积极评价之后,会凝聚为社会普遍认可的价值取向[71]。

在态度视角下,目前学者普遍认为工匠精神的本质是一种工作态度或职业态度。李砚祖(2016)认为工匠精神实质上是指一种工作中一丝不苟的工作态度和追求精工精致的精神[72]。在狭义上,周菲菲(2016)认为工匠精神是一种精益求精的工作态度[25]。谭舒、李飞翔[73]、郭彦军[74]、彭兆荣[23]、庄西真[75]等人在后续的研究中,对工匠精神的本质也有相似的理解。陈家洋(2017)认为工匠精神除了精益求精,还包含了专注耐心、严谨细致和止于至善等特质[76]。在产品供给和服务的角度,饶曙光和李国聪(2017)认为工匠精神是一种坚定专注、恪尽职守并且渗透着踏实执着、追求卓越的价值理性的工作态度[77]。张宗勤、窦延玲等人(2017)从工匠精神中同样解读出了敬业的工作态度[78]。

除了工作态度,部分学者将工匠精神理解为一种职业态度。张龙和张澜(2017)将工匠精神从外到内,分为"匠艺"和"匠心"两个层面,并认为"匠心"是工匠精神的内核,是匠人们代代传承的严谨职业态度和勇于创新的精神[79]。更具体的,蔡红梅(2017)认为工匠精神是对工作的一种倾心热爱、认真负责、精益求精、锲而不舍、吃苦耐劳、创新求异的职业态度[63]。

除了工作和职业范畴,齐善鸿(2016)将工匠精神扩展为体现在生活中的一种创造、创新、开放和不断学习、完善的生活态度[80]。

部分学者从伦理道德角度解读工匠精神。肖群忠和刘永春(2015)发现,在西方宗教视角下,工匠精神的本质在于完成上帝赋予自己在世俗生活中的任务,因此是一种新教伦理精神[39]。唐林涛(2016)发现这种伦理精神是德国工匠精神的重要来源[81]。价值观是伦理文化的核心,喻文德(2016)认为工匠精神是多种价值观构成的伦理文化,更确切的,是一种工作伦理[82]。从工程伦理的角度出发,梁军(2016)认为工匠精神是工人作为工程共同体成员的职业伦理,包括对质量的精益求精、对技艺的不断改进和对操作程序的不断优化[83]。江宏(2017)提出了工匠精神的狭义定义和广义定义,在广义上工匠精神属于一种"从容独立、专业务实、精益求精、勇于创新、追求卓越"的工作精神境界,但是在狭义上是一种"吃苦耐劳、执着专注、精益求精、勇于创新、追求完美"的职业伦理[70]。同样从职业伦理角度出发,张培培[36]、饶卫和黄云平[35]认为工匠精神可被视为一种热爱、专注并持续深耕的职业伦理。

综上,学者们对工匠精神的解读存在较大程度的分化。有人对工匠精神的理解较为纯粹,但也有人将工匠精神解读为跨类别的概念;有人从群体层面和个体层面对工匠精神进行多重解读,也不乏从聚焦视角对工匠精神进行的深入探讨。由于文化背景、学科领域、视角的不同,学术界对工匠精神的解读长期分裂,个别理解甚至明显不兼容,这对后续研究造成阻碍。

经过以上整理,现有中文研究文献对工匠精神的界定,主要有如表2.2所示的几种类别。

在回顾现有研究对工匠精神界定的基础上,作者认为工匠精神是一种个体在当前工作中所持有的特定工作价值观,其反映了人们内心所坚信的那些值得为之奋斗的多种工作目标,这些工作目标决定了人们对工作场所行为的偏好,同时也为人们的选择和行动提供内在准则。

表 2.2 现有中文研究文献对工匠精神界定的类别与示例

类别	概念	示例
精神视角	精神追求	工匠精神是工匠们对设计独具匠心、对质量精益求精、对技艺不断改进、为制作不竭余力等四个方面的理想精神追求(李宏伟和别应龙,2015)
	精神境界	工匠精神是在精益求精、追求品质的过程中,由对工作的热爱而达到的精神境界(张培培,2017)
	精神理念	工匠精神是工匠对自己的产品精雕细琢、精益求精的精神理念(阚雷,2017)
	精神品质	工匠精神指的是生产者在制作或工作中严谨专注、注重创新、精益求精、追求完美的精神品质(张允和卜鹏,2017)
价值观视角	价值观	工匠精神是工匠在劳动过程中形成的行为、信仰和理想的价值观念综合体(潘天波,2019)
	价值导向	当代工匠精神的实质是以爱岗敬业、专注、踏实的高度职业化认知与潜心钻研、精益求精的创新能力为内核的人对工作的主导性,是支撑"中国制造2025"战略实施的核心价值导向之一(曾颢和赵曙明,2017)
	价值取向	工匠精神是由劳动者的恪尽职守、精益求精等精神而凝聚成的一种全社会普遍接受和认可的价值取向(王晨和杜霈霖,2018)
态度视角	工作态度	工匠精神是精益求精、专注耐心、严谨细致和止于至善的工作态度(陈家洋,2017)
	职业态度	工匠精神是对工作的一种倾心热爱、认真负责、精益求精、锲而不舍、吃苦耐劳、创新求异的职业态度(蔡红梅,2017)
伦理视角	职业伦理	工匠精神是一种吃苦耐劳、执着专注、精益求精、勇于创新、追求完美的职业伦理(江宏,2017)

根据 Schwartz 提出的人类基础价值观理论[84-86],价值观具有如下特征:
① 价值观是一种信念;
② 价值观是人们所追求的目标,其能激发人们表现出相应的行为;
③ 价值观能够超越特定的情境;
④ 价值观可以被作为一种准则,用以指导人们对行为、策略、事件与人(包括其自身)做出选择和进行评估;
⑤ 价值观体系是按照价值观的相对重要性进行排列的;
⑥ 多种价值观的相对重要性引导人们的态度或行为表现。

工匠精神符合上述价值观的六点特征,因此工匠精神是一种价值观。

(1) 工匠精神是个体所持有的一种信念,反映了个体对工作过程"应该是什么"的判断,是一种理想中的终极状态。这种信念一般在个体职业教育与组织社会化过程中逐渐形成[68,87],而且一旦形成则相对稳定,不易受外界影响。

(2)工匠精神是人们在满足基本需要基础上追求的一种高阶目标,能激发人们为实现这些目标而不懈努力,例如表现出工作投入、主动担责以及勇于革新等行为。

(3)工匠精神能够超越行业和工作内容所限定的具体情境。工匠精神之说源自工匠,但绝不限于工匠[80]。伴随着"工匠"概念的泛化,工匠精神也已经不仅局限在手工制作或者工业化时期的生产制造领域,更多的是指具备某一业务领域或者胜任某一工作岗位的高超工作能力[88],是一种愿意付诸努力把事情做好的欲望[89],因此适用于各行各业的劳动者。

(4)工匠精神可以作为指导选择和行动的内在准则,个体根据这些内在准则在工作中建立自我概念,进而判断好与坏、对与错、合法与非法、值得做与不值得做。

(5)工匠精神不是单一的价值观,而是一个包含多种价值观的稳定系统。根据相对重要性,各种价值观在每个人的系统中具有不同的优先级,从而使每个人理解的工匠精神有所不同。

(6)工匠精神能够引导人们的态度或行为表现。它一方面体现在工匠精神中多种价值观的相对重要性排序上;另一方面,这一价值观系统中的多种价值观之间既存在互补又存在竞争,例如继承与发展、利他与利己、促进与防御等,人们的态度和行为背后都是与之相关且存在竞争的价值观之间的权衡取舍。

正是由于具有上述价值观的特点,工匠精神在本质上可以与态度、精神、伦理和文化相区别。首先,工匠精神相对持久稳定,各种组成部分不仅会依重要性差异表现出层级特征,而且彼此之间还会表现出互补和竞争,同时还具有超越具体情境的特性。相比之下个人态度的概念范围较为狭窄,仅适用于某些特定行为、目标或情境[86]。其次,作为一种能指导人们决策和行动的准则,工匠精神告诉人们该做什么,而不是本来倾向于做什么,由此可以与精神理念和追求等个人内在品质相区别[84,90]。再次,虽然伦理有时也被认为是一种判断行为的标准,但这种标准更多集中在道德范畴,是一种外显的群体规范,而工匠精神作为一种工作价值观并不局限于道德范畴,而且严格来说只存在于个体身上[91]。最后,不同个体可能拥有相似和相同的价值观,而且它可以被群体中的所有个体共同认可。这种共享的价值观是一种共享的心智模式,是群体文化的重要组成部分[92]。由此,群体层面共享的工匠精神也是群体文化的组成部分。

工匠精神是一种价值观,但更具体来说是一种工作价值观。工作价值观是一种特定的价值观,是基础价值观在工作场所的具体体现[93],因此它同样具有基础价值观的各种特征。工作价值观是决定个体在工作中各方面偏好的一系列理想标准,这些方面包括工作属性(例如薪酬和自主性)、工作条件(例如监管关系和工作保障)以及工作结果(例如成就和声誉)[93-96]。换句话说,工作价值观回答了在工作场所中什么对于个体来说最为重要的问题。作为一种价值观,工匠精神的作用范畴同样是工作场所,然而与工作价值观面向工作中的各个方面不同,工匠精神更加聚焦于其中某些特定方面,如图2.6所示。

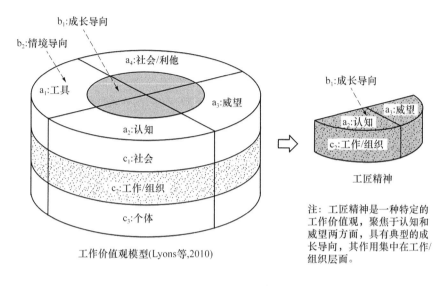

图 2.6 工作价值观模型

虽然已有若干研究对工作价值观的构成方面进行探索,结论也不尽相同,但是在四种基本类型上逐渐形成了共识,即认知型价值观、工具型价值观、社会型价值观和威望型价值观[93,96,97]。Ros等(1999)提出上述四种类型的工作价值观可与四种高阶人类基础价值观完全对应,其中认知型工作价值观对应对变化的开放性,工具型价值观对应保守型,社会型价值观对应自我超越,威望型价值观对应自我促进[93]。根据Schwartz的基础价值观环状模型,对变化的开放性与保守型分别位于同一维度的两端,而自我促进和自我超越又分别位于另一维度的两端[84-86]。因此,四种工作价值观也可被认为是在两个不同维度上的,其中认知型和工具型位于同一维度的两端,分别与内在心理因素和外在物质条件相关,而威望型和社会型分别位于另一维度的两端,分别同服务自身与服务他人和社会相关。

在认知型-工具型维度上,工匠精神更趋向于认知型工作价值观,在内在动机的驱使下追求工作本身的乐趣和工作改进带来的成就感,享受全身心投入工作所带来的内心充实、平和与淡然,而避免过多关注工作所能带来的各种物质条件。在威望型-社会型维度上,工匠精神更趋向于威望型工作价值观,注重个人技能的提升和潜能的激发,以及在此过程中获得的声誉和影响力,这种影响力是通过卓越的个人绩效而获得的个人权力,而非组织所赋予的正式权力。相反,工匠精神本身并不包括在工作中与他人建立起的良好人际互动关系,并借此展现对他人的关怀和对社会的博爱。工匠精神对个体情感表达的影响一方面体现在个体对工作本身的热爱与敬畏上,另一方面则体现在,符合个体的工匠精神价值观,其就会体验到积极情感,否则会体验到消极情感。

在"环状"价值观模型基础上,后续学者将上述四类工作价值观归于工作结果形态层面,并在此基础上引入与之正交的第二层面和第三层面[96,98,99]。在 Lyons 等(2010)提出的三层面"圆柱雷达"模型[96]中,第二层面被分为成长导向和情境导向两类。成长导向包括持续学习、智力激发、信息反馈、认可等,能够满足个人在工作、职业、专业领域的成长需要,类似双因素理论中的激励因素;而情境导向包括工作安全感、工作条件、贡献社会、自由等,此类价值观能够提供积极的工作条件,使员工不会从追求个人成长中分心,从而间接满足成长需要,然而当对这些价值观的追求达到一定程度后,即便继续提升也难以为员工提供更多的成长机会。因此,情境导向的工作价值观能够满足个人的缺失性需要,类似双因素理论中的保健因素[100,101]。第三层面被分为个体、工作/组织、社会三个类别,以反映工作价值观聚焦的层级。个体层级的工作价值观仅关注个体利益,例如声望、权威和薪酬;社会层级的工作价值观则超出了工作角色范畴,具有较强的利他特征,例如帮助他人和贡献社会;介于两个极端之间,工作/组织层级的工作价值观需要在工作过程和组织情境中才能对员工发挥出积极作用,例如培训和发挥个人能力。

在成长导向-情境导向维度上,工匠精神更趋向于成长导向。具有工匠精神的个人追求卓越,不仅在工作上不断改进以获得更加优良的品质,而且追求个人具有一技之长,以苛刻的要求来不断挖掘自身潜能,获得技能的持续精进。从组织学习的视角来看,工匠精神是个体知识、技能和能力的集成和外显,内化过程中的自身悟道和干中学,以及员工之间的传播分享都会使个体不断获得成长,是一种"使能"过程[102]。此外,工匠精神的培育中强调师徒传承,师傅的口传心授不仅使技艺获得成长,还通过相关工作价值观的传递作用于专业、职业和人生等更高层面,形成"烙印"效应[68]。相反,具有工匠精神的个人会刻意淡化对情境导向工作价值观的关注,防止干扰工作的精益求精。根据工作特征模型,情境导向所关注的内容更多集中在工作中的短期方面而非长期成长[101],而工匠精神具有较强的长期导向特征,往往不急于在短期看到工作成效,把工作视为一项长期事业,而不仅是短期的赚钱工具。在个体-社会维度上,工匠精神关注的层级介于二者之间,即工作/组织层级。工匠精神一方面通过工作影响自己,在提升技能的同时获得个人声誉;另一方面通过工作影响他人,强调个人的责任和担当。

由此可见，工匠精神不仅是一种个体价值观，而且是一种个体工作价值观，但与一般工作价值观面向工作中的各个方面不同，工匠精神更加聚焦于认知和威望两类高阶工作价值观，具有典型的成长导向，其作用集中在工作和组织层面。因此，本书提出工匠精神是一种个体在当前工作中所持有的特定工作价值观，其反映了人们内心所坚信的那些值得为之奋斗的多种工作目标，这些工作目标决定了人们对工作场所行为的偏好，同时也为人们选择和行动提供内在准则。

2.3 工匠精神的边界

尽管任何一个概念与相关概念之间可能存在交叉重叠，但一个独立概念应该包括一个独特的部分，并以此为核心构建一个完整的概念边界，否则无法作为一个独立概念而存在。因此，本书接下来将探讨工匠精神在现有概念空间中的独特性[103]。根据本书对文献的回顾，工匠精神与很多现有概念之间既存在关联又有所区别，例如工作投入及其三个维度（活力、奉献、专注）、任务精通、主动担责、利用式学习、渐进式创新、工作场所精神性等。

工匠精神与工作投入具有核心差异。Schaufeli(2006)提出，工作投入是指个体在工作中表现出的积极、完满的情感-认知状态，由活力、奉献和专注三个维度来表征[104]，亦被部分学者翻译为敬业度。作为一种情感-认知状态，工作投入相对容易发生变化，即在某个时段工作投入高，另一个时段工作投入低。而工匠精神是一种特定工作价值观，一旦形成则相对稳定，受外界环境的影响较小。此外，作为一种内在工作价值观，工匠精神更能激发自主动机，满足自主和能力等基本需求，从而表现出更多的工作投入，因此工匠精神可以预测工作投入的变化[105]。

而对于工作投入的三个维度——活力、奉献和专注，工匠精神也有本质区别。李锐和凌文辁(2007)认为：工作活力是指个体具有充沛的精力和良好的心理韧性，自愿为自己的工作付出努力而不易疲倦，并且在困难面前能够坚持不懈；工作奉献是指个体具有强烈的意义感、自豪感以及饱满的工作热情，能够全身心地投入到工作中，并勇于接受工作中的挑战；工作专注是指个体全神贯注于自己的工作，并能以此为乐，感觉时间过得很快而不愿从工作中脱离出来[106]。

工匠精神与工作活力不同。活力维度强调个体被激活后充满能量的状态，常作为工作倦怠的对立面而存在[107]，而工匠精神并不强调短时期内的超常规激活状态，而是一种平稳且持续的精力投入，以至数十年如一日。此外，工作投入中的活力呈现一种弥散状态,虽然在工作情境中呈现,但却不指向特定目标、事件、个人或行为。而工匠精神中的精力投入具有明确的指向性,即同时作用于对工作成效的不断改进和对自身能力的持续提升两个主要方面。

工匠精神与工作奉献不同。奉献维度建立在对工作强烈认同的基础上,指的是高度地融入工作,不求回报地全身心付出,并在这一过程中体验到工作的意义、热情、鼓舞、自豪和挑战等[104];虽然追求工匠精神的个体也会全身心付出,但这种付出的出发点并不是为组织和社会奉献,而是在专注追求成长需要时对其他物质性需求的暂时牺牲[108]。也就是说,工匠精神中的不急功近利并不等于完全不重利,而是等得及在今后获得与付出相对应的回报,尤其是内在的认可与回报。

工匠精神与工作专注不同。专注维度是个体完全集中注意力并开心沉浸于工作的忘我状态。而具有工匠精神的人也会在工作中表现出沉浸,但区别在于对工作长期坚守,以超凡的定力持续投入,不急于获得成功。此外,工作投入是从健康心理学角度提出的,专注的过程能带来积极、愉快的情绪体检。与之相对,具有工匠精神的人精益求精的过程需要持续的自我控制,更近乎一种严苛的磨炼和修行,而非一种愉快的体验。

在实践操作上,工匠精神不同于员工对任务的精通性。Griffin等人(2007)提出,任务精通性是指个体员工满足其角色内既定期望和要求的程度[109]。任务精通是个体不断提升工作效率以达到组织所设定的绩效标准的过程,是工匠精神的前提。而具有工匠精神的个人,往往会为自己设定一个超常规的高标准,并长期坚守不轻易调整。他们更看重质量而非数量,不会为追求工作效率而降低对品质的追求。其目的也并非达到组织绩效目标,而是追求个人的成就和内在满足。

虽然工匠精神有责任担当的一面,但与主动担责又有本质区别。Morrison和Phelps(1999)提出,主动担责是指员工在工作中自发地采取建设性的行为以影响功能性变革[110]。个体主动担责是变革导向行为,目标是工作改善,认为自己有责任为组织带来建设性改进,然而这些改进并非出于组织的要求,而是一种主动的角色外行为。与主动担责的利他动机不同,工匠精神中担责的动机更具有自我导向,是从自我防御角度而生出的责任感,认识到工作完成的优劣与自身关系重大,并由此对所从事的工作和职业心怀敬畏,看重个人声誉和品德,以提供优秀的产品和服务为荣耀,反之则是自身的耻辱。

工匠精神注重员工的学习成长,但这与利用性学习不同。March(1991)提出,利用式学习是以"提炼、筛选、生产、效率、选择、实施、执行"等为特征的组织学习行为[111]。这后来被 Mom 等人(2009)推广至个体层面,强调增加个人经验的可靠性,提高个人知识库的深度[112]。利用式学习和探索式学习是一对孪生概念,利用式学习强调改进和挖掘现有知识,探索式学习强调探索和发现新知识。二者均是践行工匠精神的手段,工匠精神本身对这两种行为导向并没有倾向性。工匠精神强调传承但却并非拘泥于旧法,而是一个不断破旧立新的过程,本质上是个体层面的双元平衡[113]。然而,从工匠精神本身所具有的精益与专注的价值导向来看,个体在实践工匠精神的过程中会有更多的机会来增加个人经验的深度而非广度,从而更显著地表现出利用式学习特征。

工匠精神注重渐进的创新,但这不代表其与渐进式创新等同。渐进式创新是指利用现有资源,不断改进技术,主要服务现有用户群的创新方式[114]。钟昌标等人(2014)认为,与渐进式创新相对应的是颠覆式创新或突破式创新[115]。渐进式创新和颠覆式创新也是一对孪生概念,是发生在组织层面的两种不同创新方式。工匠精神并不意味着因循守旧,而是积极参与到组织的渐进式创新之中,具体表现为根据自己的长期经验和反复思考,对前人的发明或技艺进行改进,从而实现推陈出新[31]。工匠精神中的创新不是奇技淫巧,而是从属于精益求精的[36,116]。也就是说,具有工匠精神的个体最终追求的是精益求精,然而在将品质从 99% 提高到 99.99% 的过程中,更多表现为日常中不遗余力地对细节和局部进行微小的提升,而非颠覆式的突破。

最后,工匠精神与工作场所精神性有所不同。工作场所精神性是个体在工作背景下的一种超越性体验,其核心包括内心体验、有意义的工作、与他人的连接感和团队归属感三部分内容[117,118]。虽然工作场所精神性与工匠精神均是解决工作动机问题的,但是工作场所精神性是建立在价值观认同基础上灵魂层次的动机,反映了个体对"工作、团体与组织对我意味着什么"等价值命题的思考[117],而工匠精神的驱动力来自对精益求精、个人成长等高阶需求和目标的满足。从目标上来看,工作场所精神性是在理解自己的工作意义并与组织价值观一致的基础上与他人建立互联感,具体表现为同事间的相互关心、帮助与信任[119],由此形成一种精神依偎,具有较强的社会性与利他性,而工匠精神的内在驱动力来自工作成就与能力提升,具有较强的自我导向特征。

综上,虽然工匠精神与其中个别概念有所重叠,但是任何一个概念均无法涵盖工匠精神的全部含义,或者其核心含义并未包含在工匠精神的概念之中。因此,工匠精神具有独特的核心内涵,有别于现有的相关概念。

2.4 工匠精神的维度与内涵

对工匠精神的认识的分歧不仅在于其概念和本质,同时还在于其维度和内涵。不同的视角导致对工匠精神的剖析不同,有些人对其内涵的解读较为具体,也有不少人将其分解为相较空泛的概念。

受文化背景的影响,工匠精神具有鲜明的民族性和时代性,其在历史演变过程中具有丰富的积淀,部分学者将其解读为多种内涵的组合。如前文提到的,刘自团、李齐和尤伟等人(2020)将工匠精神解读为多种精神的组合,这个过程也阐明了他们所认知的工匠精神的内涵,即技艺传承的"道乘精神"、存乎一心的"志业精神"、笃行信道的"伦理精神"、追求极致的"超越精神"、致知力行的"实践精神"[64]。熊峰、周琳(2019)则认为工匠精神是创造精神、品质精神和服务精神的集中体现[120]。

与前面二者不同,叶美兰和陈桂香(2016)通过整理现世对工匠精神的解读,并从时代意义,工匠阶层的社会地位、能力素质、培养方式等方面进行纠偏,将工匠精神理解为跨类别的组合,并提出其具有"尚美的情怀、求新的理念、求精的精神和求卓的格目"四个维度[40]。而高德步和姚武华(2018)则将工匠精神划分为价值观念、习惯和追求三个维度[121]。

即便未将工匠精神作为概念的组合来解读,大多数学者也认为工匠精神会使人在同一方面展现出不同的特质。

由商务印书馆出版的《现代汉语词典》(第7版)中认为,工匠精神具有"精雕细琢、精益求精、追求完美与极致"等内涵,这种解读体现在邵焕会、范军[122]、王勇强[123]、薛茂云[124]、张允、卜鹏[53]、金平[44]、林荣松[125]、赵居礼[45]等人的文献中,也是本书在整理过程中发现被引最多的说法。尽管如此,这种说法却略显简单,刘向兵(2018)认为工匠精神还包括严谨、负责、专注、细致、敬业等品质[126]。从广义和狭义的两个角度解读,江宏认为工匠精神在广义上具有"从容独立、专业务实、精益求精、勇于创新、追求卓越"等内涵,而在狭义上则包括"吃苦耐劳、执着专注、精益求精、勇于创新、追求完美",二者的核心思想相同,不同的是前者属于工作精神,后者则扩大到职业精神。

匠人的职业认知也受到了学者们的关注。齐善鸿(2016)将专业、敬业、坚持等纳入工匠精神的内涵[80]。王世伟[52]、彭兆荣[23]、王振海[57]等人在研究过程中都将爱岗敬业作为工匠精神的内涵之一。

从工作态度出发,一些学者认为拥有工匠精神的人同时是吃苦耐劳、笃定执着的人。李砚祖(2016)认为工匠精神的精神内涵是工作中的吃苦耐劳、任劳任怨和默默奉献[72]。蔡红梅(2017)则将工匠精神视为一种倾心热爱、认真负责、精益求精、锲而不舍、吃苦耐劳、创新求异的职业态度[63]。更进一步,张培培[36]、饶卫、黄云平[35]提出工匠精神可以被解读为一种热爱、专注并持续深耕的职业伦理。

工匠精神不表示一成不变,有人认为其内涵还应包括创新。肖群忠、刘永春(2015)认为工匠精神除了需要严谨细致、坚守专注、精益求精等品质,还需要在自我否定中不断创新[39]。蔡秀玲、余熙(2016)则表示这种创新是持续的、稳定的,与持之以恒的专注精神相呼应[42]。曾颢、赵曙明(2017)认为工匠精神具有职业认知和创新能力两方面的内涵,前者包括爱岗敬业、专注踏实,后者包括潜心钻研、精益求精[68]。通过解读工匠精神中的创新精神,李林(2019)认为可以用与时俱进、求新求异、独具匠心等来描述其特点[59]。宋晶[127]、周跃南[128]等人认为工匠精神包含创新、专注、精益、敬业四个方面。

有些学者将工匠精神中的创新内涵提升到对卓越的追求,例如,宋丹和曾剑雄(2019)认为要拥有工匠精神就要做到坚持追求超越、追求一流、追求创新[129];蒋华林、邓绪琳(2019)将工匠精神看作精益求精、追求卓越、勇于创新的精神品格[54];雷杰(2020)将爱岗敬业、精益求精、求实创新、追求卓越视为工匠精神的内核[58];丁彩霞(2017)和农春仕(2020)等人则将工匠精神视为一种持久专注、精雕细琢、精益求精、追求卓越的理念[46,130]。

也有学者认为工匠精神体现在不同对象或事务上。李宏伟和别应龙(2015)认为工匠精神的内涵体现在四个方面[31]:对设计独具匠心、对质量精益求精、对技艺不断改进、为制作不竭余力。后续研究中,梁军[83]、李静[32]、喻术红、赵乾[33]等人也引用了相同的说法。但这并没有讲明工匠精神对产品的影响。与之相近的,潘建红、杨利利(2018)在研究中认为,工匠精神的内涵包括对精工细作的信仰、对职业的尽职尽责、对技艺的不断改进和创新、对产品质量的精益求精[131]。肖坤、夏伟等人(2019)认为,从广义而言,工匠精神包括了对职业的忠诚奉献,对质量的极致追求,以及对产品或服务的创新超越[132]。

一些学者则将视角聚焦在产品和对用户的服务上。郭彦军(2017)认为工匠精神包含用户至上的服务意识[74],这种对用户负责的态度和行为表现也被李群、唐芹芹等人(2020)解读为工匠精神的外显表现,其根源来自内隐的价值观[133]。饶曙光和李国聪(2017)认为工匠精神中存在坚定专注、恪尽职守等工作态度的目的,都在于改善产品和服务供给[77]。朱亮(2016)则将视角放在具体产品的生产制造过程,认为工匠精神具有爱岗敬业、崇实务实、认真细致、精益求精、锲而不舍、勇于创新、吃苦耐劳等内涵,是一种"质量至上、用户至上、声誉至上"的职业理念[134]。

从技艺的角度出发,王文涛(2017)发现中华文化背景下,拥有工匠精神的人追求技艺之巧,这进一步激发了匠人们的创新精神[88]。席卫权(2017)也认为工匠精神不只是脚踏实地、勤勉敬业的慢耕细作和对品质的严格要求,也涵盖了对技艺的探究[34]。张龙和张澜(2017)认为工匠精神的涵义包括"匠艺"和"匠心"两个层面,其中"匠艺"代表匠人们在长期业务实践中积累的娴熟手艺,而"匠心"是指他们内在的认真严谨、勇于创新的精神[79]。从文化内涵角度进行解读,周民良(2017)将工匠精神分为"技能、精细、坚守、毅力"等五个制造领域的维度[56]。

不止于从个体层面的解读,部分学者从群体层面对工匠精神的内涵进行剖析。王焯(2016)将工匠精神视为老字号企业的群体共识,其核心内涵是对品牌和信誉的培养和塑造[66]。郭会斌、郑展和单秋朵(2018)以 KSAOs 框架(知识、技能、能力和其他特征)对工匠精神进行解读,认为其是以个体的 KSAOs 资本资源发展而来的以组织共识、管理标准、核心能力以及组织愿景、商业伦理等其他特征构成的组织文化图式[102]。

我们挑选了上述具有代表性的内涵或维度及其示例,如表 2.3 所示。

表 2.3 工匠精神的部分内涵或维度及其示例

内涵或维度	示例
精益求精	工匠精神具有"精雕细琢、精益求精、追求完美与极致"等内涵(邵焕会,范军,2017;王勇强,2017;薛茂云,2017;张允,卜鹏,2017;等等)
爱岗敬业	爱岗敬业是工匠精神的内涵之一(王世伟,2017;彭兆荣,2017;王振海,2019)
吃苦耐劳	工匠精神是一种倾心热爱、认真负责、精益求精、锲而不舍、吃苦耐劳、创新求异的职业态度(蔡红梅,2017)
追求创新	工匠精神除了需要严谨细致、坚守专注、精益求精等品质,还需要在自我否定中不断创新(肖群忠,刘永春,2015)
追求卓越	工匠精神是一种持久专注、精雕细琢、精益求精、追求卓越的理念(丁彩霞,2017;农春仕,2020)
责任担当	工匠精神的内涵包括对精工细作的信仰、对职业的尽职尽责、对技艺的不断改进和创新、对产品质量的精益求精(潘建红,杨利利,2018)
个人成长	工匠精神的含义包括"匠艺"和"匠心"两个层面,其中"匠艺"代表匠人们在长期业务实践中积累的娴熟手艺,而"匠心"是指他们内在的认真严谨、勇于创新的精神(张龙,张澜,2017)
珍视声誉	工匠精神的核心内涵是对品牌和信誉的培养和塑造(王焯,2016)

为方便后续研究,作者认为有必要提出本书研究中的工匠精神的统一内涵。结合以上文献,采用网络志方法,通过对来自网络的工匠精神文章进行文本分析获得初始的语义池。作者在百度指数网站上以"工匠精神"作为关键词,发现搜索率最高的三篇

文章中有两篇出自《人民日报》,另外一篇出自《光明日报》。基于对权威性、代表性以及可获取性等因素的综合考虑,我们最终选择《人民日报》《光明日报》及其附属微信公众号作为素材来源池,以文章标题中含有"工匠精神"作为搜索条件,共获得264篇文章,删去重复以及和内容相关度低的文章,最终保留137篇。

作者从中提炼出620条对工匠精神的描述,并对这些初始语义进行精简。经过合并、复核、筛选并剔除其中包含于其他学术概念中的语义,最终保留了28条独立语义,各独立语义及出现频次如表2.4所示。

表2.4 编码与精简后的28个独立语义

序号	独立语义	频次	类别
1	追求完美	104	精益求精
2	更好地完成工作	41	
3	避免缺陷或不足	28	
4	采用更高的标准工作	26	
5	采用明确而非含糊的标准	7	
6	为做好工作牺牲休息时间	5	
7	一辈子只做一件事	53	笃定执着
8	远离浮躁静下心	43	
9	不急于一时	40	
10	工作不仅是为赚钱	30	
11	坚持标准不动摇	24	
12	点滴积淀	9	
13	工作是一种修行	8	
14	对待工作态度严谨	35	责任担当
15	将工作视为责任和担当	16	
16	为工作承担责任	12	
17	对工作心怀敬畏	11	
18	工作能使他人受益	11	
19	高质量完成工作是本分	11	
20	工作质量影响他人	2	
21	持续提升工作技能	28	个人成长
22	持续改进工作结果	28	
23	不断挖掘自身潜能	8	
24	不断提升业务专长	6	

续 表

序号	独立语义	频次	类别
25	工作完成质量是人品的体现	11	珍视声誉
26	工作完成情况关乎声誉	8	
27	敢于在工作成果上留名	6	
28	因工作完成不好而感到羞耻	5	

最后,我们邀请两位组织管理领域专家对上述28种独立语义进行归类,并向他们说明归类原则:(1)每种独立语义只能归到一个类别当中;(2)不追求类别间数量的均衡。请他们先独立工作再互相对照,充分讨论归类不一致的语义直至达成共识。28种独立语义最终被归为五类,按照各类别语义频次由高到低分别进行命名。最后发现,工匠精神呈现出明显的多维度结构,具体包括精益求精、笃定执着、责任担当、个人成长和珍视声誉这五个方面的内涵。

2.5 工匠精神的测量工具

由于工匠精神的内涵较为复杂,且说法不一,其测量工具的开发面临较大挑战。目前,虽然研究工匠精神已经成为学术界的热门话题,然而少有学者开发工匠精神的测量工具。

有学者采用代理指标来测量工匠精神。唐国平(2019)在自己的研究中,以环保投资额的自然对数作为企业在环保行为中的工匠精神的代表指标;以员工的环保活动(将学习污染防治技术知识赋值为1;将提出节能降耗的小改小革、节能金点子等赋值为2;将开展环保技术创新、环保产品研发并获得专利证书或奖项等赋值为3)作为其在环保行为中的工匠精神的代理指标。

以量表为主的测量为更多学者所接受。现有量表往往选择工匠精神中具有代表性的内涵作为其测量的维度。例如,叶龙、刘园园和郭名(2018)在研究中,从爱岗敬业、精益求精和勇于创新三个维度测量工匠精神[135],他们在确认工匠精神的三个维度后,利用其他学者对这些维度开发的量表进行测量;方阳春和陈超颖(2018)则从爱岗敬业、精益求精和攻坚克难三个维度自行开发量表进行测量;王弘钰、赵迪和李孟燃(2020)从职业使命、精益求精、改良创新等维度考查工匠行为,并设计出三维度10题项量表[136]。

在这个部分,我们将介绍几位学者所开发的工匠精神量表,并对其开发过程做深入解析。

2.5.1 服务业员工工匠精神量表

李朋波、靳秀娟和罗文豪(2020)提出由传承关怀、履职信念、职业承诺、服务追求、能力素养、持续创新六个维度组成的服务业员工工匠精神量表[137]。

他们以Glaser和Strauss(1967)提出的扎根理论[138]为思路,通过编码探索反映工匠精神的核心概念及概念间的关系。通过对服务业企业高层管理人员和员工的深度访谈,网络收集与服务业相关的工匠精神人物事迹,以服务业行业专著为补充资料,面向酒店和家政等行业企业进行问卷调查,研究团队最终从658条原始语句中提炼出86个概念,并将它们归纳为28个范畴。

之后,研究者们将这28个范畴进一步归类,根据各个范畴的含义和逻辑从属关系,将其归入传承关怀、履职信念、职业承诺、服务追求、能力素养、持续创新六个主范畴中。参考陈向明(1999)在《扎根理论的思路和方法》中提出的思路[139],研究者又将"服务业员工工匠精神"发展为核心范畴,认为"服务业从业者在长期的从业过程中培养和形成的能力素养、履职信念以及持续创新的理念和能力,以此为基础他们会强化自身的职业承诺,驱动其对服务品质精益求精的追求和对行业的传承关怀,具体包括职业承诺、服务追求、持续创新、能力素养、履职信念和传承关怀六方面的内容"[137]。

为确保信度和效度,研究团队安排六位研究生独立进行编码分析,并由三位专家进行筛选和校对,最终认为如此划分的一致性较高。同时,上述资料的收集标准较为严格、来源丰富,确保了效度。

通过发放问卷,研究者们收集到428份有效问卷,且问卷数据通过了KMO及Bartlett球形检验。根据因子分析的结果,研究人员保留了特征根大于1,因子载荷系数大于0.5的条目,并逐步删除了跨因子载荷系数超过0.4的条目,最终留下24个条目,对应六个因子。通过信度检验和效度检验,量表的表现效果均令人满意。

最终,研究者们提出的量表包括六个维度。(1)传承关怀,包含"我愿意与同事分享我的工作经验和服务技能""我认为自己有义务把对职业的热爱传递给身边的行业新人""我认为自己有义务将优良服务传统传递下去""我认为自己有义务为培养行业新人贡献力量"等题项。(2)履职信念,包含"在工作中遇到困难时,我总是会想尽各种办法解决""我总是主动参与到工作中去""在工作中,我是一个勇担责任、敢做敢当的人""我对待工作从来不将就、不应付"等题项。(3)职业承诺,包含"我为自己是服务业的一员感到自豪""我很热爱服务业,对服务业有感情""我愿意在服务业工作一辈子""我非常渴望在服务业成就一番事业"等题项。(4)服务追求,包含"在提供服务时,我能够设身处地关心顾客的感受""我能够为顾客提供他们真正需要的服务""我是发自内心地愿意为顾客提供服务""我认为在提供服务时要对顾客一视同仁,不可以提供差别待遇"等题项。(5)能力素养,包含"我非常清楚具体的服务规范""我非常清楚自己需要哪些专业知识""我具备丰富的专业知识""我可以很好地将服务规范和专业知识运用到具体的服务实践中"等题项。(6)持续创新,包含"我总是主动学习新的业务知识""我会定期对自己的工作进行反思""我敢于尝试新颖的服务方式""我总是能够接受新的服务理念"等题项。

2.5.2 制造业新生代农民工工匠精神量表

李群、唐芹芹、张宏如和王茂祥(2020)等人综合考虑了来自政界、企业界、学术界及大国工匠代表的观点,在研究中提出,制造业新生代农民工工匠精神具有外显和内隐的两个层面:工匠精神的外显层面对应制造业新生代农民工对技能和产品的严格要求、对消费者负责的态度和行为表现,包含爱岗敬业、提高技能、持续创新等维度;而内隐层面对应职业价值观,包含社会责任和职业信念两个维度[140]。以下将对他们开发量表的部分研究过程进行简单描述。

在他们的研究中,研究者们从近几年国家机关发布的与制造业工匠精神培养相关的社科类权威刊物、现有的间接性采访和演讲、对制造业企业中高层和基础管理人员以及新民工进行的开放式问卷调查中,挖掘在中文语境下,人们所认知的工匠精神的核心内涵,并据此编制量表的初始条目。

首先,研究者们通过对收集的资料开展编码、提炼等工作,筛选出32条有关工匠精神的初始概念。在对这些概念进行二次筛选、凝练之后,产生13条语句。研究者安排两名管理学副教授和一名管理学研究生对这13条语句进行分类归纳并为每个类别进行命名,这个过程由当事人分别独立完成,当中不存在彼此交互。最后,研究者们通过对分类结果进行对比,发现其中11条语句的归纳结果完全一致,其余两条语句被分入不同的类别中。对于这种情况,上述三人经过反复讨论,并最终达成一致。

研究者们对量表开展探索性因子分析和信度分析。首先他们进行了预调研,通过小规模地对制造业企业发放量表问卷,在得到较理想的探索性因子分析和信度分析的结果后,研究者开始更大规模地调查。在对江苏、安徽等地的制造业新民工进行问卷调查后,一共回收200份有效问卷,占总发放问卷的91%。在选择其中特征根大于1的因子,并删除区分度较差或者因子载荷较低的题项之后,剩余的8个题项构成了工匠精神量表,分别从精业敬业、信念责任两个维度考查工匠精神,总方差解释百分比达76.20%。两个维度的信度指标(克隆巴赫α指标)均大于0.7,且在去除任意题项后,均有所下降。

经过验证性因子分析、区分效度检验和共时效度检验等,研究者证明了该量表具有良好的信度和效度。

最终,研究者们的量表包含两个维度:(1)精业敬业,主要包括"掌握岗位知识和技能""注重细节管理""选择有效的工作方式""坚持对现有技能和工艺进行钻研""追求产品的完美和极致"等测量项目;(2)信念责任,主要包括"现有工作是一辈子的事业和价值追求""主动提出提高产品质量的建议""主动满足或超越客户对产品的需求"等题项。根据来源文献及制造业新农民工群体的现实特征,使用本量表采用7点李克特量表的形式。

2.5.3 建筑工人工匠精神量表

陈敏、徐鹏飞、朱建君等人(2019)从85篇能明确定义工匠精神内涵的文献中提炼出8个有关工匠精神内涵的关键词,并根据出现频率剔除4个频率低于20%的关键词;之后,利用调查和效度检验,剔除区分度不高的关键词,最终保留"热爱忠诚岗位""精益求精""不断改进技术"三个关键词,并将条目展开为对岗位的忠诚喜爱程度、对专业技术的掌握程度、对质量的精益求精程度三个维度[141]。

最终问卷包含的维度和题项有:(1)对岗位的忠诚喜爱程度,包含自评题项"对目前所从事工作的态度"和他评题项"爱岗敬业程度";(2)对专业技术的掌握程度,包含自评题项"对所从事工种的专业知识及验收标准的掌握程度"和他评题项"专业技术操作水平";(3)对质量的精益求精程度,包含自评题项"每天所做工作的自我要求"和他评题项"完成的工作质量"。

2.5.4 品牌工匠精神量表

上述的工匠精神量表以个体为对象,目的在于测量个体层面的工匠精神。黄敏学、李清安、胡秀(2020)在研究中,创造性地从群体层面出发,以消费者的视角来考查其所感知的品牌所具有的工匠精神[142]。

他们认为工匠精神是以产品品质极致追求为目标而进行的技术创新的持续改进和所体现出的专注严谨的精神文化,包括持续改进的技术创新、专注严谨的精神文化和追求极致的产品品质3个维度。他们认为,通过消费者对品牌的依恋,品牌的工匠精神将影响其购买、口碑、交互等方面的消费者行为。在这个部分,我们将介绍几位研究者开发工匠精神量表的过程及其开发的量表。

与前文一致,首先从工匠精神的定性出发。他们抓取了包含与工匠精神相关的关键字的网页文本,并提取网页资料中的陈述句(提取的范围是 2016 年 9 月 29 日到 2016 年 9 月 30 日之间的合计 100 条网页资料),直到原始条目库饱和(此时研究者一共提取了 181 条陈述句),即在搜索范围内再也找不到有明显差别的条目,所收集的条目涵盖了不同行业、人群和视角。

由 8 名研究人员组成研究小组,对这些条目进行编码、整理和提炼。在筛选并排除不合格语句之后,研究者们将语句随机排列并分别组成问卷,问卷的题项采用李克特 7 点量表的形式。他们接下来通过发放问卷进行匹配程度调研,即要求被调查者为每个条目与工匠精神的匹配程度进行评分,收集到 256 份有效问卷,并根据这些数据剔除不合格题项,最终保留的条目达 74 条。再由 5 位研究生对这 74 条条目进行独立归类,若在此过程中,条目存在较大争议则将被剔除。最后共有 31 条被剔除,其余 43 条条目形成初始量表。

研究者们通过网络发布初始量表,并回收 256 份有效问卷。经过信度检验,研究问卷的总体信度和单个维度的信度都表现良好。

通过因子分析,研究者们提取出特征值大于 1 的因子并删除其中共同度小于 0.5 或因子载荷指标小于 0.5 又或者跨载荷指标超过 0.4 的因子,最终得到 16 条题项,且均通过了 KMO 及 Bartlett 球形检验,总方差解释百分比达 73.81%。研究者们根据探索性因子分析,将这题项划分为产品品质、精神文化和技术创新三个维度。通过验证性因子分析,研究者发现量表数据拟合效果较好。在这次问卷调查中,研究者对量表结构进行验证并初步确定了量表的三个维度。

研究者们进行第三次问卷调查,期望以此验证并确定最终的量表。他们以手机品牌(其中,苹果的占比为 47.7%、华为的占比为 20.7%、小米的占比为 10.8%)为调研对象,收集到 171 份有效样本。经过信度检验、效度检验和因子分析,研究者们认为量表具有较强的信度和效度,但其中一个题项对两个因子的因子载荷系数均较大(>0.50),所以研究者选择将其剔除。最后,根据每个维度对应题项的含义,研究者们正式将三个维度命名为"持续改进的技术创新""专注严谨的精神文化"和"追求极致的产品品质"。

最后,研究者们为工匠精神开发的量表包括三个维度。(1)追求极致的产品品质。该维度包含"产品被当作工艺品精雕细刻、耐心打磨""对待产品品质不断挑战、追求完美""产品的每个细节被做得尽善尽美""对产品的各个环节耐心专注、一丝不苟""在每一个环节,对专业的追求发挥到极致"等题项。(2)专注严谨的精神文化。该维度包含"专注坚守、安心做自己的工作""认真负责、忠于职守的事业心""工作中敬业守信、担当责任""对待工作保持严谨细致的态度""敬畏产品和技术、决心做到最好"等题项。(3)持续改进的技术创新。该维度包含"不断实践、不断总结经验""认真对待工作、刻苦钻研学习""追求科技创新、技术进步""不断吸收前沿技术、创造新成果""爱学习、善学习、持续改善"等题项。所有变量均采用5点李克特量表来测量,其中,1表示完全不同意,5表示完全同意。

2.5.5 通用型工匠精神量表

虽然已有学者提出工匠精神的量表,但无论是服务业员工工匠精神量表、还是制造业新生代农民工工匠精神量表,都适用于特定范畴,作者认为为契合目前高质量发展的时代背景,有必要以高质量发展为背景开发一套具有各行业代表性的量表。

延续作者之前提出的观点,工匠精神是一种个体在当前工作中所持有的特定工作价值观,反映了人们内心所坚信的那些值得为之奋斗的多种工作目标,这些工作目标决定了人们对工作场所行为的偏好,同时也为人们的选择和行动提供内在准则。

作者的研究团队通过网络志方法,即基于对互联网的参与、观察、收集、处理和呈现互联网信息的方式,对中央媒体及其公众号的新闻报道和人物访谈进行文本分析,并从中挖掘出工匠精神所涵盖的多维度概念内涵。

在形成初始条目后,研究者们通过问卷调查开展探索性因子分析以进行初步检验。首先,研究者对共计150名在职MBA学生及校友发放问卷调查邀请,同时采取滚雪球抽样法,即邀请被调查者提供其他合适的调查对象,以获取更多的研究样本,然后从获得的379份有效问卷中,选取特征根大于1的因子。最终结果与预想中的5个因子(个人成长、精益求精、笃定执着、责任担当、珍视声誉)一致。每个因子中保留了载荷最高的4个条目,研究者们对该20个条目进行探索性因子分析。根据结果,按照方差解释百分比从高到低分别是个人成长、责任担当、精益求精、珍视声誉和笃定执着。

各条目在所属因子上的载荷均高于0.50,在其他因子上的载荷均低于0.30,共计解释了64.96%的方差。因此,认为工匠精神量表各维度彼此之间可以明显区分,且符合预期的二阶因子结构。

后来,研究者们根据上述流程重新收集了342份有效问卷并开展一系列验证性因子分析。结果显示一阶五因子模型的拟合结果显著优于所有替代模型,这再次说明了量表各因子能够被显著区分。对比一阶五因子模型和二阶模型的拟合效果,发现二者的卡方变化不显著,一阶五因子模型的卡方值低于二阶因子模型(变化量为8.63)。这说明二阶模型中的二阶因子对一阶因子的共有变异具有解释力度。这么一来,一阶因子之间的共变对结果的影响便被控制在可接受范围内。故研究者认为相比于一阶因子模型,二阶因子模型会更加适用。

最终,研究者开发的工匠精神量表一共有5个维度(个人成长、责任担当、精益求精、珍视声誉和笃定执着),包含20道题目,每道题目采用5点李克特量表。这20个题目中的每4道题测量工匠精神的一个维度:1到4题测量个人成长维度;5到8题测量责任担当维度;9到12题测量精益求精维度;13到16题测量珍视声誉维度;17到20题测量笃定执着维度。每个维度的最终评价指标由其所对应的4道题目的均值来考查。

具体题项如表2.5所示。

表2.5 工作价值观工匠精神量表

下面有一些句子,请判断以下描述在多大程度上是我在工作中所看重的,采用5点李克特量表,1=非常不重要,5=非常重要。

测量维度	测量项
个人成长	不断挖掘自己在工作中的潜能
	在完成本职工作的过程中持续改进
	持续提升自己的工作技能
	在工作中不断提升自己的业务专长
责任担当	为我所完成的工作承担责任
	将自己的工作视为一种责任和担当
	严谨地对待我所从事的工作
	高质量地完成工作是我的本分
精益求精	在工作细节上力求完美
	不断思考如何更好地完成工作
	努力避免工作中的缺陷或不足
	为自己设定高于组织所要求的工作标准
珍视声誉	如果我的工作完成得不好,会让我觉得不光彩
	工作完成的好坏关乎我的个人声誉
	让别人知道某项工作是由我完成的
	工作完成质量也是人品的体现

续表

测量维度	测量项
笃定执着	并不急于在短期看到工作成效
	一生只做好一项工作
	坚持自己认定的标准,不被外界所左右
	把工作视为一项事业,而不仅是赚钱的工具

2.6 工匠精神的前因后果

工匠精神由何而来？什么影响了工匠精神的形成？而工匠精神又能为个体、群体,乃至整个产业带来什么影响？我们在了解了工匠精神的概念和本质及其如何测量之后,需要进一步探究其来龙去脉,才能帮助我们培养工匠精神并令其在生产实践中发挥作用。

2.6.1 前因

方阳春和陈超颖(2018)提出包容型人才开发模式对员工工匠精神具有正向影响[49]。在研究中,他们将包容型人才开发模式划分为多元化人才队伍建设、理性包容员工的观点和失败、重视员工培养、注重员工优势发挥与公平共赢等4个维度,并通过深度访谈和开放式问卷调查设计相关量表;将工匠精神分解为爱岗敬业的奉献精神、精益求精的工作态度与攻坚克难的创新精神等3个维度,并通过深度访谈、开放式问卷调查和文献查阅,设计相关量表。最后,他们收集到338份问卷,并对问卷数据进行分析。在实证分析的结果中,他们发现包容型人才开发模式中的加强多元化人才建设、重视员工培养和注重员工优势发挥与公平共赢等措施均有利于工匠精神的发展。其中：多元化人才建设、重视员工培养对工匠精神的3个维度均有正向影响;注重员工优势发挥与公平共赢对攻坚克难的创新精神有显著的正向影响。

同样与组织的包容程度相关,叶龙、刘园园、郭名(2018)通过实证研究发现包容型领导对组织中技能人才具有正向影响,且这种影响受到组织支持感的正向调节[135]。他们基于自我决定理论构建理论模型,将工匠精神分解为爱岗敬业、精益求精、勇于创新3个维度,并假设包容型领导对工匠精神的3个维度均有正向作用,且这种正向作用会受组织支持感的正向调节。他们对收集到的640份有效问卷进行分析,结果印证了他们的结论,即包容型领导对技能人才工匠精神的3个维度均有显著的正向影响,且组织支持感对这种影响存在显著的正向调节作用。从他们的数据结果可以看出:包容型领导对工匠精神3个维度的影响强度随着组织支持感的增强而增强;在组织支持感较低的情况下,包容型领导对3个维度甚至存在负向影响。

叶龙的团队(2020)后续研究了企业师徒关系对徒弟工匠精神的影响,发现以工作繁荣为中介,师徒关系的密切程度可以正向促进徒弟的工匠精神,并且学习目标导向能够正向调节这种中介效应。前文提到,该团队开发了一套工匠精神量表[135]。利用这套量表结合其他学者开发的师徒关系量表、工作繁荣量表和学习目标量表,他们收集了584份有效问卷。通过层级回归,他们验证了师徒关系与徒弟工匠精神正相关,以及工作繁荣在其中的中介作用。通过调节效应分析,他们验证了学习目标导向在师徒关系与徒弟工匠精神之间的正向调节作用。

借助李群开发的量表[133],邓志华和肖小虹(2020)探索了自我牺牲型领导对员工工匠精神的影响[143]。他们收集了82份主管有效问卷和326份员工有效问卷,并进行中介效应分析,发现自我牺牲型领导对员工工匠精神具有显著的正向影响,同时员工心理所有权和工作使命感两种心理资源在该过程中起到了中介作用。通过对比二者的中介效应系数,发现员工心理所有权的中介效应更强。基于调节聚焦理论,他们发现促进聚焦在自我牺牲型领导对员工工匠精神的正向影响中起调节作用,而防御聚焦则起到负向调节作用。

他们的另外一篇文章阐述了谦逊型领导对工匠精神的作用。他们提出,谦逊型领导对员工工匠精神存在显著积极影响,且员工心理授权在该过程中起中介作用,这种中介效应受员工自我监控的正向调节[144]。

贺正楚和彭花(2018)通过实证分析提出:积极正面的社会风尚、企业管理制度、政府制度以及个人价值和内在需求对工匠精神的培养具有正向影响;而工匠精神反过来会引领文化价值,有利于完善新型职业教育制度、法律法规,有利于优化政商、校企、技工和企业关系的构建[145]。他们将工匠精神分为工作、技术、产品3个测量维度开展问卷调查,发现新生代技术工人对工匠精神的认知度较高。通过对人口变量的划分,他们发现性别、文化程度、婚姻状况、政治面貌都会对工匠精神产生影响:男性新生代技术工人更倾向于认可和传承工匠精神;新生代技术工人的学历水平越高,越倾向于拥有工匠精神,也更加认可工匠精神;已婚新生代技术工人更倾向于认可和传承工匠精神;加入中国共产党的新生代技术工人更能正确认知工匠精神。

之后,他们对189名新生代技术工人进行调查,得到23个指标的数据。通过因子分析,他们发现可以将这些指标归为4类主成分,并将这些主成分命名为"企业管理制度""内在需求和社会风尚""个人价值"和"政府制度"。由此,他们认为这些因素能显著影响工匠精神。

同样从个体和群体的多个层面考虑,陈敏、徐鹏飞和朱建君等人(2019)从个人素质、行业企业、社会支持等3个方面,探寻工匠精神的影响因素。通过逐步回归,最终发现对工匠精神有显著的正向影响因素,按照影响系数从大到小分别为:企业用工方式、工人的工作满意度、工人的受教育程度、工人的工资收入以及工人到现企业的年限是影响工匠精神的显著因素。

在观察互联网企业员工的工匠行为后,王弘钰、赵迪和李孟燃(2020)提出高承诺工作系统(以工作意义为中介)对工匠行为有正向促进作用,是员工工匠行为的重要前因变量[136]。结合自行开发的工匠行为量表和其他学者开发的高承诺工作系统、工作意义和个人-组织价值观的量表,通过对206份有效问卷数据的层次回归分析,研究者验证了高承诺工作系统对员工工匠行为存在显著的正向影响,且工作意义在该关系中起到完全中介作用。另外,研究者验证了高承诺工作系统对员工工匠行为影响的边界条件——个人-组织价值观。当员工个人-组织价值观匹配程度较低时,工作意义在高承诺工作系统与工匠行为间的中介作用不再显著;当个人-组织价值观匹配程度较高时,它对这种中介作用起正向调节。

2.6.2 后果

通过分析理论机制和构建超边际模型来探索工匠精神的作用,郑小碧(2019)提出工匠精神是启动和推进分工结构从自给自足向局部分工和完全分工演进的核心动力,并在该过程中带来了提升商业化程度、扩大企业利润和消费者剩余、改进经济发展内生优势和可持续性以及提升人均收入等经济福利效应[146]。

唐国平、万仁新(2019)通过实证研究发现在环境保护方面,无论是企业层面还是员工层面,工匠精神均有利于促进环保行为、提升企业环境绩效[147]。前文提到,唐国平在该研究中采用代理指标考查企业和员工的工匠精神。通过对253家公司开展调查并对1744条观察数据进行回归分析,他们验证了企业层面的工匠精神和员工层面的工匠精神对企业环境绩效均有显著的正向影响,同时二者的交互项对企业环境绩效存在显著的正向影响,这说明它们在促进企业环境绩效方面是相辅相成的。

李群、蔡芙蓉和张宏如(2020)研究了制造业工匠精神与科技创新能力的关系,提出二者存在显著的协调发展关系,且存在地域差异,东部地区的协调程度相对较高[30]。由于采用了二手数据,李群的团队无法采用前文中他所开发的量表,而是从工匠精神的外显层,即求精创新水平、专业技能水平两个角度,分别选取若干子维度,采用熵值法(研究中,他们对熵值法进行了改进,在此不做展开)以确定各子维度的权值,最终计算考查工匠精神的综合指标。他们用同样的方法计算了考查科技创新能力的综合指标。他们对数据进行耦合协调分析,通过计算两个变量的协调度,验证了工匠精神与科技创新能力的发展存在明显的协调性,即二者存在较明显的相互作用、相互依赖和相互制约,且通过区域间横向比较,发现协调性存在区域差异。

李群的团队(2020)还研究了工匠精神与制造业经济增长之间的关系[30]。该研究中,他们利用主成分分析法对数据进行降维,以得到工匠精神的评价指标;以制造业销售产值衡量制造业经济的总体情况。通过回归分析,他们验证了工匠精神对我国制造业整体的经济增长具有显著促进作用;相较于东部和东北部,西部和中部地区的制造业受工匠精神的促进作用更为明显。

但是作者认为,仅从求精创新水平、专业技能水平两个角度衡量工匠精神有些片面,很难反映工匠精神可能具有的执着、专注、爱岗敬业等内涵,而且研究中采用的指标也略显不足。在求精创新水平方面,研究者采用"政府对研发的支持力度""创新活动强度""创新投入""创新产出""技术改进投入""质量水平"等指标,虽然可以反映创新程度,但不能准确反映制造业对产品的求精程度。

2.6.3 工匠精神前因后果的研究展望

结合前文的研究,作者在这里谈谈自己对工匠精神前因后果的研究展望。

首先,对于工匠精神的前因变量的研究,未来研究可以从个体因素、工作因素和组织因素这三方面深入探讨。个体因素中首先包括个体的年龄、工龄、教育水平等人口特征因素,工匠精神可能会在具有某些人口特征的个体身上体现得更为明显。其次,某些稳定的人格倾向会对工匠精神产生积极影响。例如,内控型人格、主动型人格以及核心自我评价。具有内控型人格的个体倾向于依靠自身努力而非借助外部因素实现目标;具有主动型人格的个体倾向于主动采取行动影响周围环境;核心自我评价较高的个体往往对自身能力和价值具有较高的正面评价。再次,个体的某些积极心理特质同样会对工匠精神产生影响。例如,心理资本所包括的自信、乐观、希望和坚韧能够支撑一个人不计物质得失地长期坚守某一工作。此外,正念也有助于工匠精神的塑造,这是因为具有正念这种积极特质的个体能够通过对注意力进行自我控制实现对当前发生的内外体验产生全面深刻的觉知[148],他们将工作视为一种修行,在工作中能够做到心境平和,不浮躁。最后,工匠精神也会来源于个体的思维模式。例如,具有未来结果导向思维的个体,能够通过当前的忍耐与牺牲换取未来的成功,更可能表现出工匠精神。

工作特征是对工匠精神塑造产生影响的主要工作因素。具有工匠精神的个体会将产品和服务视为自由意志的表达,通过对作品的完整掌控实现他们的自我价值,并且获得真正的满足感[39]。然而,受泰勒制影响,很多组织将工作流程不断进行分解,提升工作专门化程度,促进员工在单个工作环节上的熟练性,进而提升效率。这种对效率的极致追求往往以损害工匠精神为代价。因此,未来研究可以从如下两方面进行深入探讨:一方面,参照工作特征模型,在工作设计时突出任务的完整性、重要性与自主性,打通上下游业务流程,赋予员工更多的自主权,同时明确工作责任划分,将工作结果与个人声誉建立联系;另一方面,根据工作要求-控制模型,在工作要求方面减少时间压力、降低工作负载,同时提高员工对自身任务的掌控权,提高决策制定的参与程度[149]。最后,未来研究可以进一步探索现代师徒制在工匠精神培育中所发挥的作用,尤其是徒弟刚入行或进入某组织后的社会化过程,师傅如何抓住这一工作价值观形成的关键时期,给徒弟打下工匠精神的价值观烙印。具体操作上可以采用经验取样法(experience sampling method),沿着员工的社会化进程探讨工匠精神如何发生变化,以及哪些因素可以解释这种变化。

对工匠精神的塑造能够产生影响的组织因素包括组织价值观与文化、领导者、人力资源管理实践等。以往关于组织价值观与文化的研究表明,个人-组织价值观匹配能够对员工的工作满意度、组织承诺、留职意向等态度类结果变量产生积极影响[150,151]。未来研究需要探讨组织如何营造与工匠精神这种工作价值观相一致的组织价值观和文化。领导风格和企业家精神是领导者对员工工匠精神产生影响的主要方式。领导者一方面需要表现出与工匠精神培育相适应的领导风格,例如,展现出精神型领导和责任型领导[152,153]。另一方面,管理者还需要表现出较强的企业家精神[154],推动组织开拓创新,防止在追求工匠精神时过度聚焦工作本身而忽视外界变化。最后,未来研究可以探讨组织的人力资源管理实践如何与工匠精神培育相适应,进而发展出一套以工匠精神为导向的人力资源管理体系。例如:在招聘环节向求职者传递出组织崇尚工匠精神的市场信号;在考评环节采取长期结果导向而非短期过程导向;在激励环节偏重内在激励而非一味增加薪酬待遇;在培训开发环节实施技能与能力逐级认证制度;等等。

对于工匠精神的后果研究,我们需要思考的是,作为一种内在工作价值观,工匠精神更可能激发个体的内在动机,同时影响个体的目标导向,使个体不断追求更高的学习目标与成就目标,持续提升技能、激发潜能、挑战更高的工作标准。工匠精神会使个体体验工作的重要意义,感受自身的成长与进步,享受内心的充实与淡然,这在很大程度上满足了个体的自主需求与胜任需求。根据自我决定理论,这些基本心理需求的满足会使个体怀有积极的情感,发自内心热爱所从事的工作,对工作与职业具有很高的满意度[155]。正是出于这种对工作的积极情感与满意度,具有工匠精神的个体与所在组织和所从事职业之间会建立起强烈的心理联系,能够几十年如一日地坚守工作岗位,甚至是择一事而终一生,表现出较高水平的组织承诺、职业承诺与留职意向[156]。此外,作为一种工作价值观,工匠精神是一种人们在工作中追求的高阶目标,能激发人们为实现这些目标而不懈努力,例如,表现出以活力、奉献和专注等代表工作投入的情感-认知状态[104]。因此,未来研究应深入探讨工匠精神对员工内在动机、工作投入等的影响及其机制。

此外,具有工匠精神的个体通常会出色地完成职位描述中界定的工作任务,大幅优于组织设定的常规绩效标准,即表现出良好的任务绩效。同时,为更好地满足内在动机与需求,具有工匠精神的个人还会表现出较多的主动性工作行为,例如,首创行为[157]、创新行为[158]、主动担责行为[159],以及工作塑造行为[160],在工作权限范畴内自发地对工作设计、工作方式、工作流程等要素持续进行革新和优化,为挑战更高的目标主动创造条件。同时,这些行为能够使个体更好扮演自身角色,表现出以任务精通性、任务适应性与任务主动性为特征的工作角色绩效[109]。上述工作绩效与行为方面的优异表现将提升具有工匠精神的员工的内在需要满足感,大幅降低主动离职行为。因此,未来研究应该深入探讨工匠精神对员工主动性行为、工作角色绩效、离职行为的影响及其机制。此外,未来研究还可以探讨工匠精神对具有探索和利用双元性的结果变量的影响。工匠精神并不意味着因循守旧,个体在追求精益求精时会将探索与利用视为两种地位等同的手段,然而在将品质从优秀提升到卓越的过程中,更多表现为细节优化与局部改进,而非颠覆式的重大突破。因此,具有工匠精神的个体更可能表现出利用式学习与渐进式创新。

综上,作者对工匠精神的研究展望的总体框架如图2.7所示。

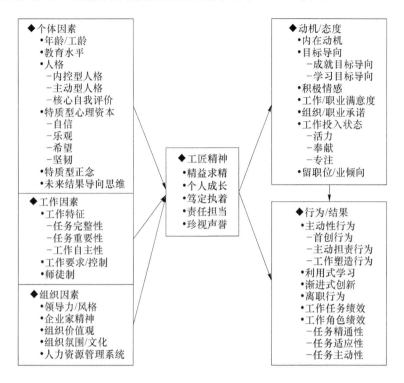

图 2.7 工匠精神的未来研究框架

2.7 工匠精神的培养路径

前文中,我们探讨了工匠精神的实质、内涵、测量工具及其前因后果,结合学者们的研究,不难看出从员工的自我成长到对工作的积极性,再到组织乃至行业的发展,工匠精神具有突出的推动作用。这便是为什么管理者需要更加深入地了解工匠精神,并选择合适的途径来培养工匠精神。

从社会层面探索工匠精神的当代培养路径,李宏伟和别应龙(2015)提出唤醒中华民族的工匠精神要做到以下几点。首先,需要打破就业体制,改革就业观念,提高工匠职业威望。其次,通过树立榜样,起到引领工匠精神的示范作用、在实际生产中,保护工匠、技师的合法利益,借用现代手段拓展技艺传承,并通过传统手工艺生产演示与精美产品展示,传达工匠精神;在培养新生代方面,传统与现代相结合,以双元制、双导师制培养工匠技师。最后,通过加强职业资格认证,实行职前宣誓,实现工匠精神社会化、具体化[31]。徐耀强(2017)认为工匠精神的培养首先需要营造尊重工匠、崇尚工匠精神的良好社会氛围;其次需要通过深化现代职业教育改革、传承古代"师徒制"教育传统、实行技能认证制度,来完善职业培养机制;再次便是建设以"工匠精神"为核心的企业文化;最后建立激励保障制度,包括传统工匠技艺知识产权保护制度、濒临失传的传统工匠技艺抢救制度、优秀民间传统技艺表彰奖励制度、名品优品特品甄别追究制度等[55]。刘自团、李齐等人(2020)认为工匠精神的培养需要从其社会荣耀感、社会获得感、社会化呈现以及养成方式优化等方面出发,通过构建正确的价值导向体系、合理的职业回报体制机制,结合专业标准的规约与榜样人物的引领,唤醒和培育工匠精神,并通过创新传统技艺的传承与保护机制,优化工匠精神的养成方式[64]。江宏(2017)提出要培养中国特色社会主义工匠精神,不仅要用中国特色社会主义文化体系引领工匠精神的发展,还要借鉴发达国家工匠精神形成的有益经验,并在"大众创业、万众创新"的社会行动中植入工匠精神[70]。结合智能化背景,匡瑛(2018)提出,培养工匠精神要着手于功利取向的转变、创新能力的聚焦、职业教育的渗透和社会支持体系的构建,通过社会价值导向的转变来引导人们注重创新,推动工匠精神社会化发展,再由教育渗透和社会支持巩固工匠精神长远发展的基础[22]。

从教育角度出发,汤艳和季爱琴(2017)制定了一条针对高职教育的工匠精神培养路径;与李宏伟和别应龙的观点一致,他们认为培养工匠精神的首要任务是打破传统观念,提高工匠职业的社会地位;除此之外,还要树立以"工匠精神"为核心的企业文化和重视工匠精神的学校培养,并结合二者开展"校企合作、工学结合"的人才培养模式;他们还强调了现代学徒制的重要性,认为需要在校企合作的基础上,在企业师傅和学校教师的双重影响下,帮助学生培养工匠精神。林克松(2018)也对职业院校学生的工匠精神培养路径开展了研究,他基于烙印理论认为工匠精神的培养要针对烙印目的、烙印过程以及烙印结果进行整体的设计与安排,包括:精准定位工匠精神的烙印目的,即为什么培养和培养哪些工匠精神的问题;统筹设计工匠精神的烙印过程,即改善宏观层面的制度环境和文化环境,开展中观层面的课程开发与教学改革以及关注微观层面中导师对学生工匠精神的正向引导;持续监测工匠精神的烙印效果,即确定评价组织、明确评价内容、科学制定评价方式以及总结和反馈评价结果[87]。而叶美兰和陈桂香(2016)的研究着重强调了高校工匠精神教育的重要性,认为培养工匠精神的首要任务是明确"以德为先、全面发展"的人才培养目标,其次构建贯通生源供给到人才需求的"全链式"人才培养体系,并采用"特色战略、差异发展"的人才培养战略、"质量为重、力求科学"的人才考核方式以及"德艺双馨、言传身教"的人才培养队伍,培养具有工匠精神的高水平专门人才[40]。蒋华林和邓绪琳(2019)则探究了高等工程教育对先进制造人才的培养,认为要融入工匠精神需要完善契合工匠精神人才规格的培养目标,并增加相关课程教学内容、加强工程实践环节,同时在学业评价体系中建立工匠精神的激励机制,最后凭借宣传教育引导,营造崇尚工匠精神的良好氛围[54]。同样着眼于高等工程教育,郝士艳和纪长伟(2017)认为高校要将学生的工匠精神培养好,除了校企合作以及教学、经费、政策等方面的保障外,还要以企业、行业的需求为发力点,充分发挥学校的优势和特色,同时兼顾社会、文化、科学等方面的要求[161]。

从组织层面出发,基于烙印理论,曾颢和赵曙明(2017)提出以建立健全的师徒制为基础的工匠精神培养路径[68]。他们认为要培养工匠精神,首先,要善用宏观外部环境和组织环境的助推作用;其次,需要组建具备工匠精神的导师队伍,在培养过程中,导师需要重视徒弟的敏感期,做好师徒匹配,并重视隐性知识的转移,发挥导师的模范作用;最后,实行持续和扩大机制,推动组织上下形成工匠文化的氛围和激励机制,并在内外部环境作用下不断完善工匠精神。饶卫和黄云平(2017)在扶贫研究中提出,工匠精神要融入具体任务,需要按照目标设定、方式选择、过程管理和绩效考核的层次逐步完善[35]。在高校辅导员职业能力提升的研究中,农春仕(2020)认为要培养职业能力提升方面的工匠精神,需要从思想观念上培养工匠情怀,再从培训激励机制上激发工匠潜能,最后通过实践过程磨炼员工的工匠品质[46]。

也有学者从多个层面出发探究我国技能人才的工匠精神的培养路径。邓志华(2020)提出在政策制度层面,培养工匠精神需要建立现代化的职业教育体系、完善产权制度建设并提高技能人才地位;在社会氛围层面,要发挥杰出工匠的榜样示范作用,营造社会上下工匠文化氛围并利用新媒体进一步引导职业价值取向;在高等教育层面,他认为工匠精神的技能人才培养需要校企协同、建立学校"学业导师"和企业"职业导师"的双元导师育人制度,并将工匠精神的培养融入人才培养要求、课程体系、学业评价体系等;在企业管理层面,在培养制度上采用师徒传授制度,同时强化技能人才能力素质的培训,另外,提高管理团队的精细化管理水平,并加强组织中的职业道德管理[162]。

综上,学者们主要从社会、教育和组织等层面出发探索工匠精神的培养路径,作者挑选并汇总了其中具有代表性的几种做法,如图2.8所示。

结合上述学者的贡献,基于作者之前所提的工匠精神内涵(个人成长、责任担当、精益求精、珍视声誉、笃定执着)和测量工具(详见2.5.5),作者在研究过程中总结了培育工匠精神的合适途径,具体如下。

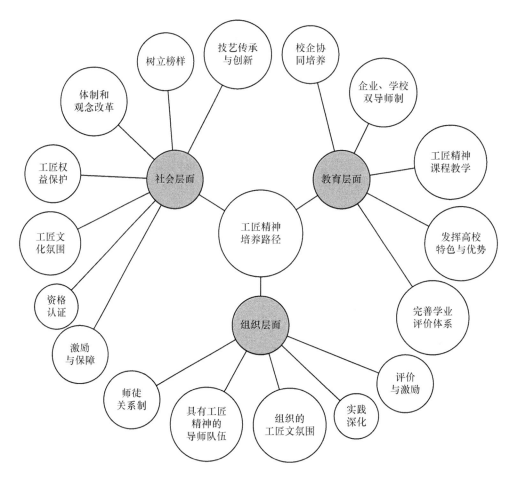

图 2.8 工匠精神培养路径一览图

(1) 弘扬工匠精神要聚焦其核心内涵

工匠精神的培育重点应聚焦在引导员工精益求精、笃定执着、责任担当、个人成长和珍视声誉,而不是宽泛地培育工作中的各种优秀品格。中国文化下的"精神"二字包含诸多积极含义,通常被认为是人们改造物质世界过程中呈现出来的优良品格,或者是个人的超越体验以及对人生终极意义的回答[163]。这不仅使人们难以对工匠精神的内涵形成统一认识,还有将其逐渐扩大的趋势,一些近似概念或工匠精神所引发的结果也被混入工匠精神的概念内涵之中,由此使工匠精神的概念边界愈发模糊。例如,一些研究将专注和奉献视为工匠精神的核心内涵。事实上,专注和奉献已包含在工作投入这一成熟概念之中,其反映的是人们相对短期的工作状态,与工匠精神所代表的工作价值观相比更容易发生变化,适合作为工匠精神的结果变量使用。同理,创新也仅是工匠精神引发的一种行为表现,而且工匠精神所引发的创新更趋近于渐进式创新而非颠覆式创新[164]。从微观层面看,工匠精神中的创新是人们在日常工作中将品质从优秀提高到卓越的过程中,持续进行的小幅改进与局部优化,而非颠覆式的重大突破[36]。因此,弘扬工匠精神首先要明确工匠精神的核心内涵,使其成为培育工匠精神过程中的有力抓手,避免与爱岗敬业、无私奉献以及勇于创新等主题教育混为一谈。

(2) 突出工匠精神的价值引领作用

工匠精神实质是一种工作价值观,是人们在满足基础工作要求后所追求的高阶目标,这些高阶目标回答了在工作场所什么对个体来说最为重要的问题。工匠精神所蕴含的价值追求包括两个方面:一方面追求心理满足,即在内在动机的驱使下追求工作本身的乐趣和工作改进带来的成就感,享受全身心投入工作所带来的内心充实、平和与淡然,而避免过多关注工作带来的各种物质条件;另一方面追求个人声望,即注重个人技能提升和潜能激发,以及由此获得的声誉和影响力,这种影响力是通过卓越的个人绩效而获得的个人权力,而非组织所赋予的正式职权。培育工匠精神就是在组织中培育具有上述价值追求的员工,并且将这种价值追求内化为指导人们在日常工作中的选择与行动的内在准则。作为培育工匠精神的主体,企事业单位首先需要在日常工作中通过加强宣传引导、发挥榜样示范作用、推动师徒传承、打造职业化队伍等多种手段,提升工匠精神在员工个人价值观系统中的优先级。其次,要把握住工作价值观形成的两个关键阶段,即职业教育阶段和新员工入职后的组织社会化阶段,给员工打下崇尚工匠精神这一深刻的价值观烙印[87]。最后,使工匠精神不仅成为个体员工的价值评判标准,而且上升为全体员工共同的价值追求,最终熔炼成为组织的工匠文化[102]。

(3) 引导组织构建与工匠精神相适应的人力资源管理体系

组织的人力资源管理体系也要与弘扬工匠精神相适应,逐步构建一套具有工匠精神导向的人力资源管理实践体系,使工匠精神的培育渗透到人力资源管理的各个环节。在招聘环节,为吸引具有工匠精神的员工,组织在招聘活动中要尽可能向求职者传递出组织看重精益求精等五个维度的信号,吸引同样看重这些方面的求职者;在工作设计环节,要尽可能打通上下游业务流程,避免工作流程碎片化,赋予员工更多的工作自主权,同时明确工作责任划分,将工作结果与个人声誉建立联系;在考评环节,从短期数量导向转为长期质量导向,在考评体系设计中认可员工的日常小幅改进,同时在出现问题时追责到人;在激励环节,工匠精神的五个维度均属内在认知需求,组织在设计激励方案时应更侧重内在的认可,而前人研究中经常出现的一些偏重满足外在物质需求的实践措施,例如,提高员工的工作待遇等,对工匠精神的培育并无直接作用;在个人开发环节,应设置学习与成长导向明确的职业发展通道,在组织内部实施技能与能力的逐级认证制度。

(4) 发挥工匠精神与企业家精神的协同效应

工匠精神的培育也需要来自组织管理者的呼应,从而避免工匠精神的一些潜在负面效应。工匠精神的核心价值追求是精益求精,具体表现为在前人基础上持续不断地改进与优化,实现这一价值目标通常需要员工心无旁骛地长期坚守某一工作岗位,甚至是择一事终一生。从组织适应性的角度来看,组织拥有一支具有工匠精神的员工队伍固然有助于提高产品或服务的品质,从而获得现有市场上的竞争优势,但员工也会因为过度沉浸于产品和服务本身而降低对外界的感知,使组织错过参与新兴市场的机会,丧失抵御市场变化的能力。解决这一困境的办法就是在培育工匠精神的同时大力弘扬企业家精神,发挥二者的正向协同作用。企业家精神所代表的开拓进取、敢闯敢试、不惧失败等价值取向恰好可以与工匠精神形成互补,在组织层面不断尝试新产品、新服务、新流程、新市场和新技术,推动组织层面的颠覆式创新,避免形成路径依赖,并在必要时做出战略更新,防止踏入能力陷阱,而且还会使组织管理者具备较强的环境感知能力,预先感知环境的变化,带领组织预先采取防范性措施。因此,打造百年老店不能仅凭借工匠精神,还需要企业家精神。工匠精神仅反映了组织深度利用现有资源的战术能力,但企业家精神决定了组织探索未知模式的战略能力。战术上的勤勉并不能弥补战略上的缺失。只有工匠精神与企业家精神协同共进,才能全面提升组织的竞争能力与适应能力,使组织基业长青。

第 3 章 研究设计与方法

3.1 研究样本与数据搜集

本书共收集了 2 个独立的研究样本。其中,样本 1 用于检验自我决定视角、目标导向视角、创造力过程视角下的工匠精神影响机制,样本 2 用于检验工作投入视角、调节聚焦视角下的工匠精神影响机制。

样本 1 来自一家生产制造企业。在征得公司主管领导的同意后,我们在公司人力资源部门的配合下,向 256 名生产人员及其主管领导配对发放了两阶段调查问卷。问卷为纸质版,员工用笔在其上直接填写。问卷填写完由员工亲自密封后交由公司人力资源部门,再统一邮寄给研究者。问卷采取自愿填写的原则,同时为确保信息保密,受访者的姓名被隐去,来自领导和下属的数据按照工号进行上下级和两时点的匹配,最终获得可用样本 209 份,问卷实际回收率为 81.64%。

在样本 1 中,员工在时点 1 评价了自身的工匠精神、学习目标导向和挑战掌握目标导向;在时点 2 评价了自身的内在动机与外在动机、创造力自我效能与创造力身份认同,以及探索行为与利用行为。领导在时点 2 评价了员工的任务精通性、任务适应性以及任务主动性三种不同的角色绩效行为。时点 1 与时点 2 间隔一个月左右。

样本 2 来自两家高科技公司的研发部门。在征得两家公司主管领导的同意后,我们在两家公司人力资源部门的配合下,向 475 名研发人员及其主管领导配对发放了两阶段调查问卷。根据实际操作需要,两家公司分别选择填写了在线版问卷和纸质版问卷,两份问卷的内容完全相同。在线版问卷填写后直接在线提交,纸质版问卷填写后由员工亲自密封后交由公司人力资源部门,再统一邮寄给研究者。问卷采取自愿填写的原则,同时为确保信息保密,受访者的姓名被隐去,来自领导和下属的数据按照工号进行上下级和两时点的匹配,最终获得可用样本 407 份,问卷实际回收率为 85.68%。

在样本2中,员工在时点1评价了自身的工匠精神和工作投入,在时点2评价了自身的促进聚焦和防御聚焦,以及战略扫描、反馈寻求和问题防范三种主动性行为。领导在时点2评价了员工的促进性建言和抑制性建言两种不同的建言行为。时点1与时点2同样间隔一个月左右。

3.2 量表选取

在后续研究中,作者的研究团队采用前文提到的"工作价值观工匠精神量表"(详见2.5.5)对员工的工匠精神进行测量,并开展从自我决定理论、目标导向理论、创造力过程理论、工作投入理论和调节聚焦理论等视角下的研究。

在自我决定理论视角下,考查的变量包括员工的个体动机(内在动机、外在动机)以及行为结果(利用行为和探索行为)。在个体动机的测量方面,我们采用了Tierney(1999)等人提出的内在动机量表[165]和Gagne(2010)等人提出的外在动机量表[166],其中测量内在动机的题项包括"我喜欢解决复杂的问题""我喜欢开动脑筋想新产品方案"等,测量外在动机的题项包括"这份工作支持我达到某一生活标准""这份工作使我赚很多钱"等。被调查者根据对题项所描述情况的同意程度,进行从1到5的打分。在行为结果的测量方面,我们采用了Mom、Tom等人(2009)提出的利用行为量表和探索行为量表[112],其中测量利用行为的题项包括"那些你已经积累了大量经验的活动""你执行起来好像是例行公事一样的活动"等,测量探索行为的题项包括"寻找关于产品/服务、流程或市场等可能的新机会""评估关于产品/服务、流程和市场等方面多样化的选择"等。被调查者将回忆过去一年中参与这些活动的频繁程度,并进行从1到5的打分。本视角下完整量表见表3.1。

在目标导向视角下,考查的变量包括员工的任务导向类型(学习目标导向、挑战掌握目标)以及工作角色绩效(任务主动性、任务适应性和任务精通性)。对任务导向类型的测量,我们采用了Vandewalle(1997)等人提出的目标导向量表[167]来测量员工的学习目标导向,以及Grant(2003)等人提出的目标导向量表[168]来测量员工的挑战掌握目标,其中测量学习目标导向的题项包括"我愿意承担那些虽有挑战但却能从中学到很多的工作任务""我总是寻求能开发新技能和知识的机会"等,测量挑战掌握目标的题项包括"我会主动从事那些具有挑战的工作任务""我发自内心地喜欢面对挑战,工作中也是如此"等。被调查者根据对题项所描述情况的同意程度,进行从1到5的打分。在工作角色绩效的测量方面,我们采用了Griffin等人(2007)提出的工作角色绩效量表[169],其中测量任务精通性的题项包括"他/她很好地执行工作中的核心任务""他/她能够依照标准程序完成核心任务"等,测量任务适应性的题项包括"他/她能够适应核心任务发生的变化""他/她能够很好地应对核心任务完成方式发生的变化"等,测量任务主动性的题项包括"他/她提出有助于更好地完成核心任务的工作方法""他/她提出改进核心任务完成方式的想法"等。被调查者为团队的领导,他们根据员工在题项所描述方面的契合程度,为员工从1到5进行打分。本视角下完整量表见表3.1。

在创造力过程视角下,考查的变量包括员工的创造力自我效能、创造力身份认同以及创新行为(创意激发、创意传播、创意实施)。对创造力自我效能和创造力身份认同的测量,我们采用了Gong(2009)等人提出的自我效能量表[170]来测量员工的创造力自我效能,以及Farmer(2003)等人提出的目标导向量表[171]来测量员工的创造力身份认同,其中测量创造力自我效能的题项包括"我对自己运用创意解决问题的能力有信心""我觉得自己擅长想出新的点子"等,测量创造力身份认同的题项包括"我总是想着如何具有更高的创造力""我对如何成为具有创造力的员工有着清晰的概念"等。被调查者根据对题项所描述情况的同意程度,进行从1到5的打分。在创新行为的测量方面,我们采用了Ng等人(2005)提出的创新行为量表[172],其中测量创新激发的题项包括"我想出了很多有助于改进工作的新想法""在工作中我寻求应用新方法、新技术或新工具"等,测量创新传播的题项包括"我对创新性的观点予以全力支持""我不断寻求对创新性观点的支持"等,测量创意实施的题项包括"我着力促进创新性观点的应用转化""我以系统的方式向工作领域引入创新性的观点"等。被调查者根据对题项所描述情况的同意程度,进行从1到5的打分。本视角下完整量表见表3.1。

在工作投入视角下,考查的变量包括员工的工作投入(对工作的活力、奉献、专注)以及战略扫描、反馈寻求、问题防范等行为结果。对工作投入的测量,我们采用了Schaufeli(2006)等人提出的工作投入量表[173]来测量员工对工作的活力、奉献和专注,其中测量活力的题项包括"在工作中,我感到自己迸发出能量""工作时,我感到自己强大并且充满活力"等,测量奉献的题项包括"工作激发了我的灵感""早上一起床,我就想要去工作"等,测量专注的题项包括"我为自己所从事的工作感到自豪""我沉浸于我的工作当中"等。被调查者根据对题项所描述情况的同意程度,进行从1到5的打分。在问题防范、反馈寻求、战略扫描等工作行为的测量方面,我们采用了Parker等人(2010)提出的工作行为量表[174],其中测量问题防范的题项包括"我尝试找到导致问题的根本原因""我花时间考虑如何防止问题再次发生"等,测量反馈寻求的题项包括"我向上级领导寻求对个人工作绩效的反馈""我向上级领导寻求在公司得到潜在提升的反馈"等,测量战略扫描的题项包括"我主动扫描环境,以便发现可能会在未来对组织产生影响的因素""我识别对公司产生影响的长期机会和威胁"等。被调查者根据对题项所描述情况的同意程度,进行从1到5的打分。本视角下完整量表见表3.1。

在调节聚焦视角下,考查的变量包括员工的状态调节聚焦(促进聚焦、防御聚焦)以及促进性建言、抑制性建言等行为结果。对状态调节聚焦的测量,我们采用了Neubert(2008)等人提出的工作调节聚焦量表[175]来测量员工对工作的促进聚焦和防御聚焦,其中测量促进聚焦的题项包括"我抓住工作中的机会从而最大化地实现我的成就目标""为了取得成功我愿意在工作中承担风险"等,测量防御聚焦的题项包括"我集中精力正确地完成任务以增加工作上的安全感""我会在工作中专注于完成本职工作"等。被调查者根据对题项所描述情况的同意程度,进行从1到5的打分。在促进性建言、抑制性建言等行为的测量方面,我们采用了Liang等人(2012)提出的建言行为量表[176],其中测量促进性建言的题项包括"他/她就改善单位工作程序积极地提出了建议""他/她积极地提出会使单位受益的新方案"等,测量抑制性建言的题项包括"他/她及时劝阻单位内其他员工影响工作效率的不良行为""当单位内工作出现问题时,他/她敢于指出,不怕得罪人"等。被调查者为团队的领导,他们根据员工在题项所描述方面的契合程度,为员工从1到5进行打分。本视角下完整量表见表3.1。

表3.1 测量题项汇总

员工问卷

工匠精神					
请判断以下描述在多大程度上是我在工作中所看重的	非常不重要	不重要	不好确定	重要	非常重要
(1) 持续提升自己的工作技能	1	2	3	4	5
(2) 不断挖掘自己在工作中的潜能	1	2	3	4	5
(3) 在完成本职工作过程中持续改进	1	2	3	4	5
(4) 在工作中不断提升自己的业务专长	1	2	3	4	5
(5) 严谨地对待我所从事的工作	1	2	3	4	5
(6) 为我所完成的工作承担责任	1	2	3	4	5
(7) 高质量地完成工作是我的本分	1	2	3	4	5
(8) 将自己的工作视为一种责任和担当	1	2	3	4	5
(9) 并不急于在短期看到工作成效	1	2	3	4	5
(10) 一生只做好一项工作	1	2	3	4	5
(11) 坚持自己认定的标准,不被外界所左右	1	2	3	4	5

续表

工匠精神					
请判断以下描述在多大程度上是我在工作中所看重的	非常不重要	不重要	不好确定	重要	非常重要
(12) 把工作视为一项事业,而不仅是赚钱的工具	1	2	3	4	5
(13) 不断思考如何更好地完成工作	1	2	3	4	5
(14) 努力避免工作中的缺陷或不足	1	2	3	4	5
(15) 在工作细节上力求完美	1	2	3	4	5
(16) 为自己设定高于组织所要求的工作标准	1	2	3	4	5
(17) 工作完成的好坏关乎我的个人声誉	1	2	3	4	5
(18) 如果我的工作完成得不好,会让我觉得不光彩	1	2	3	4	5
(19) 让别人知道某项工作是由我完成的	1	2	3	4	5
(20) 工作完成质量也是人品的体现	1	2	3	4	5
内在动机					
请你根据自己的实际感受和体会,判断在多大程度上同意以下描述	非常不同意	不同意	不好确定	同意	非常同意
(1) 我喜欢解决复杂的问题	1	2	3	4	5
(2) 我喜欢开动脑筋想新产品方案	1	2	3	4	5
(3) 我喜欢从事分析性思考的工作	1	2	3	4	5
(4) 我喜欢为任务探索新的工作流程	1	2	3	4	5
(5) 我喜欢改进现有程序或产品	1	2	3	4	5
外在动机					
请你根据自己的实际感受和体会,判断在多大程度上同意以下描述	非常不同意	不同意	不好确定	同意	非常同意
(1) 这份工作支持我达到某一生活标准	1	2	3	4	5
(2) 这份工作使我赚很多钱	1	2	3	4	5
(3) 我为了获得薪水而做这份工作	1	2	3	4	5
利用行为					
请你回想一下,在过去的一年里,你参与下列工作相关活动的频率	从不	偶尔	有时	经常	总是
(1) 那些你已经积累了大量经验的活动	1	2	3	4	5
(2) 你执行起来好像是例行公事一样的活动	1	2	3	4	5
(3) 通过现存的产品/服务满足现有(内部)顾客的活动	1	2	3	4	5
(4) 对你来说操作程序很明确的活动	1	2	3	4	5
(5) 主要关注实现短期目标的活动	1	2	3	4	5

续 表

利用行为					
请你回想一下,在过去的一年里,你参与下列工作相关活动的频率	从不	偶尔	有时	经常	总是
(6) 利用你现有知识可以正确执行的活动	1	2	3	4	5
(7) 明确符合公司现有政策的活动	1	2	3	4	5
探索行为					
请你回想一下,在过去的一年里,你参与下列工作相关活动的频率	从不	偶尔	有时	经常	总是
(1) 寻找关于产品/服务、流程或市场等可能的新机会	1	2	3	4	5
(2) 评估关于产品/服务、流程或市场等方面多样化的选择	1	2	3	4	5
(3) 集中精力于产品/服务或流程的大力更新	1	2	3	4	5
(4) 产量和成本尚不明确的活动	1	2	3	4	5
(5) 对你的适应性有相当要求的活动	1	2	3	4	5
(6) 要求你学习新技能或新知识的活动	1	2	3	4	5
(7) 现有公司政策尚未清晰规定的活动	1	2	3	4	5
学习目标导向					
请你根据自己的实际感受和体会,判断在多大程度上同意以下描述	非常不同意	不同意	不好确定	同意	非常同意
(1) 我愿意承担那些虽有挑战但却能从中学到很多的工作任务	1	2	3	4	5
(2) 我总是寻求能开发新技能和知识的机会	1	2	3	4	5
(3) 我喜欢具有挑战和困难的工作任务,以便从中学习新技能	1	2	3	4	5
(4) 对我来说,开发个人工作能力十分重要,值得为之承担风险	1	2	3	4	5
(5) 我倾向在需要较高能力和才干的环境中工作	1	2	3	4	5
(6) 我通过持续不断的学习来提升自己的能力	1	2	3	4	5
(7) 我在工作中专注于开发个人能力以及获取新的能力	1	2	3	4	5

续表

挑战掌握目标					
请你根据自己的实际感受和体会,判断在多大程度上同意以下描述	非常不同意	不同意	不好确定	同意	非常同意
(1) 我会主动从事那些具有挑战的工作任务	1	2	3	4	5
(2) 我发自内心地喜欢面对挑战,工作中也是如此	1	2	3	4	5
(3) 感受到工作给我带来的挑战对我来说非常重要	1	2	3	4	5
(4) 从事挑战性的工作会让我十分兴奋	1	2	3	4	5
创造力自我效能					
请你根据自己的实际感受和体会,判断在多大程度上同意以下描述	非常不同意	不同意	不好确定	同意	非常同意
(1) 我对自己运用创意解决问题的能力有信心	1	2	3	4	5
(2) 我觉得自己擅长想出新的点子	1	2	3	4	5
(3) 我很擅长从别人的点子中,发展出另一套自己的想法	1	2	3	4	5
(4) 对于想出解决问题的新方法,我很拿手	1	2	3	4	5
创造力身份认同					
请你根据自己的实际感受和体会,判断在多大程度上同意以下描述	非常不同意	不同意	不好确定	同意	非常同意
(1) 我总是想着如何具有更高的创造力	1	2	3	4	5
(2) 我对如何成为具有创造力的员工有着清晰的概念	1	2	3	4	5
(3) 成为具有创造力的员工是我个人认同中的重要部分	1	2	3	4	5
(4) 我并不觉得创造力会在工作中发挥很大作用	1	2	3	4	5
创意激发					
请你根据自己的实际感受和体会,判断在多大程度上同意以下描述	非常不同意	不同意	不好确定	同意	非常同意
(1) 我想出了很多有助于改进工作的新想法	1	2	3	4	5
(2) 在工作中我寻求应用新方法、新技术或新工具	1	2	3	4	5
(3) 我经常想到原创性的问题解决方案	1	2	3	4	5
创意传播					
请你根据自己的实际感受和体会,判断在多大程度上同意以下描述	非常不同意	不同意	不好确定	同意	非常同意
(1) 我对创新性的观点予以全力支持	1	2	3	4	5
(2) 我不断寻求对创新性观点的支持	1	2	3	4	5
(3) 我激发组织中的重要成员对创新性观点产生热情	1	2	3	4	5

续表

创意实施					
请你根据自己的实际感受和体会,判断在多大程度上同意以下描述	非常不同意	不同意	不好确定	同意	非常同意
(1) 我着力促进创新性观点的应用转化	1	2	3	4	5
(2) 我以系统的方式向工作领域引入创新性的观点	1	2	3	4	5
(3) 我会评价创新性观点的实用性	1	2	3	4	5
活力					
请思考你在工作中有以下想法和行动的频率	从不	偶尔	有时	经常	总是
(1) 在工作中,我感到自己迸发出能量	1	2	3	4	5
(2) 工作时,我感到自己强大并且充满活力	1	2	3	4	5
(3) 我对工作富有热情	1	2	3	4	5
奉献					
请思考你在工作中有以下想法和行动的频率	从不	偶尔	有时	经常	总是
(1) 工作激发了我的灵感	1	2	3	4	5
(2) 早上一起床,我就想要去工作	1	2	3	4	5
(3) 当工作紧张的时候,我会感到快乐	1	2	3	4	5
专注					
请思考你在工作中有以下想法和行动的频率	从不	偶尔	有时	经常	总是
(1) 我为自己所从事的工作感到自豪	1	2	3	4	5
(2) 我沉浸于我的工作当中	1	2	3	4	5
(3) 我在工作时会达到忘我的境界	1	2	3	4	5
问题防范					
请根据实际感受和体会,评估自己在工作场所发生以下行为的频率	从不	偶尔	有时	经常	总是
(1) 我尝试开发能够长期有效的流程和系统,即使这些流程和系统在一开始可能会降低效率	1	2	3	4	5
(2) 我尝试找到导致问题的根本原因	1	2	3	4	5
(3) 我花时间考虑如何防止问题再次发生	1	2	3	4	5
反馈寻求					
请根据实际感受和体会,评估自己在工作场所发生以下行为的频率	从不	偶尔	有时	经常	总是
(1) 我向上级领导寻求对个人工作绩效的反馈	1	2	3	4	5
(2) 我向上级领导寻求在公司得到潜在提升的反馈	1	2	3	4	5
(3) 我向同事寻求个人工作绩效方面的信息	1	2	3	4	5

续表

战略扫描					
请根据实际感受和体会,评估自己在工作场所发生以下行为的频率	从不	偶尔	有时	经常	总是
(1) 我主动扫描环境,以便发现可能会在未来对组织产生影响的因素	1	2	3	4	5
(2) 我识别对公司产生影响的长期机会和威胁	1	2	3	4	5
(3) 我根据环境的发展变化(例如市场和技术)来预测组织可能需要采取的变革	1	2	3	4	5
促进聚焦					
请根据你自己的实际感受和体会,对下面描述进行评价和判断	非常不同意	不同意	不好确定	同意	非常同意
(1) 我集中精力正确地完成任务以增加工作上的安全感	1	2	3	4	5
(2) 我会在工作中专注于完成本职工作	1	2	3	4	5
(3) 履行工作职责对我来说很重要	1	2	3	4	5
(4) 在工作中,我会努力完成组织赋予我的工作职责	1	2	3	4	5
(5) 在工作中,我会将主要精力用于完成那些能满足我安全需要的任务	1	2	3	4	5
(6) 我会在工作中尽一切可能去避免损失	1	2	3	4	5
(7) 职业安全是我在找工作中考虑的重要因素	1	2	3	4	5
(8) 我将注意力集中于在工作中避免失败	1	2	3	4	5
(9) 我尽量避免使自己参与可能造成潜在损失的工作	1	2	3	4	5
防御聚焦					
请根据你自己的实际感受和体会,对下面描述进行评价和判断	非常不同意	不同意	不好确定	同意	非常同意
(1) 我抓住工作中的机会从而最大化地实现我的成就目标	1	2	3	4	5
(2) 为了取得成功我愿意在工作中承担风险	1	2	3	4	5
(3) 如果我面前有一个高风险高回报的项目,那么我肯定会参与其中	1	2	3	4	5
(4) 如果我目前的工作不能给我带来提升,我宁可去找一份新的工作	1	2	3	4	5
(5) 在找工作过程中,成长机会是我考虑的一项重要因素	1	2	3	4	5

续 表

防御聚焦					
请根据你自己的实际感受和体会,对下面描述进行评价和判断	非常不同意	不同意	不好确定	同意	非常同意
(6) 我更愿意去完成那些能够提升我个人能力的工作任务	1	2	3	4	5
(7) 我会花大量时间去设想如何实现自己的工作抱负	1	2	3	4	5
(8) 我渴望实现的目标会影响我的工作优先顺序	1	2	3	4	5
(9) 在工作中,我会被自己的希望和志向所激励	1	2	3	4	5

领导问卷

请您对下列员工在工作场所的行为进行评估,判断您在多大程度上同意以下描述。1表示非常不同意,5表示非常同意

任务精通性	员工				
(1) 他/她很好地执行工作中的核心任务	1	2	3	4	5
(2) 他/她能够依照标准程序完成核心任务	1	2	3	4	5
(3) 他/她能够确保工作任务顺利完成	1	2	3	4	5
任务适应性	员工				
(1) 他/她能够适应核心任务发生的变化	1	2	3	4	5
(2) 他/她能够很好地应对核心任务完成方式发生的变化	1	2	3	4	5
(3) 他/她不断学习新技能来适应核心任务发生的变化	1	2	3	4	5
任务主动性	员工				
(1) 他/她提出有助于更好地完成核心任务的工作方法	1	2	3	4	5
(2) 他/她提出改进核心任务完成方式的想法	1	2	3	4	5
(3) 他/她在核心任务完成方式上尝试做出改变	1	2	3	4	5
促进性建言	员工				
(1) 就单位可能出现的问题,他/她会思考并提出自己的建议	1	2	3	4	5
(2) 他/她积极地提出会使单位受益的新方案	1	2	3	4	5
(3) 他/她就改善单位工作程序积极地提出了建议	1	2	3	4	5
(4) 他/她主动提出帮助单位达成目标的合理化建议	1	2	3	4	5
(5) 他/她提出了可以改善单位运作的建设性意见	1	2	3	4	5

续 表

抑制性建言	员工				
(1) 他/她及时劝阻单位内其他员工影响工作效率的不良行为	1	2	3	4	5
(2) 就可能会造成单位损失的严重问题,他/她会实话实说,即使其他人有不同意见	1	2	3	4	5
(3) 他/她对影响工作效率的现象发表意见,不怕使人难堪	1	2	3	4	5
(4) 当单位内工作出现问题时,他/她敢于指出,不怕得罪人	1	2	3	4	5
(5) 他/她积极向领导反映工作中出现的不协调和出现的问题	1	2	3	4	5

3.3 研究方法

本书的数据采集均采用问卷调查法,要保证结果的可信、可靠,必须有效控制测量误差,保证结果的信度和效度。信度评价了测量结果的内部一致性和稳定性,武小悦、刘琦等人(2009)将其描述为采取同样的方法对同一对象重复进行测量时,所得结果相一致的程度[177],目前测量信度的方法主要包括重复测量信度(通过重复测量比较每次测量结果的相关程度)、折半信度(将数据结果对半分为两组独立计分,并比较二者在得分上的相关程度)、库李信度(一种针对二元计分法的信度评估方法)以及组织管理领域应用最广泛的克隆巴赫 α 系数[178],即在多个指标同时考查某个变量时,通过方差分析,计算这些指标数据的异变程度。效度包括聚合效度和区分效度。Campbell 等人(1959)在提出聚合效度时,认为聚合效度是指在用不同指标考查同一构念时,由于它们考查的构念相同,所以它们在结果上高度相关。我们可以采用 Fornell 等人(1981)提出的方法[179],围绕平均提取方差值(Average Variance Extracted,AVE)、组合信度(Composite Reliability,CR)和因子载荷系数 3 个系数进行分析。区分效度是指在不同测量项考查不同构念时,结果在多大程度上能够被良好区分。同样的,可以使用 AVE 指标来对区分效度进行考查。

虽然所使用的量表均在开发和使用过程中被学者们反复检验,但考虑到情境差异(例如中西方的文化背景)、翻译取向、修改等因素的干扰,有必要在研究实践中对数据的信度和效度进行重新检验。

除了对问卷的信度和效度的检验,研究结果还会受共同方法偏差的影响。根据杜建政等人(2005)的理解,共同方法偏差是指由测量方法而非所测构想造成的变异[180],由于被调查者的情绪、心境、态度以及问卷题项本身的歧义、锚定、暗示等干扰要素的存在,导致各测量项的数据结果存在共变。尤其是本书研究中的大部分数据属于自我报告数据,这种共变的存在更为普遍,因此在根据研究结果进一步得出结论前,有必要检验数据是否存在严重的共同方法偏差。对共同方法偏差的检验,Podsakoff等人(1986)在研究中使用了Harman单因子检验[181],通过因子分析,考查各指标的因子方差解释程度,来判断是否存在严重的共同方法偏差。然而,这种方法处理过程较为粗糙。虽然可以认为数据中的共同方法偏差对结果不存在严重影响,却很难进一步地判断这种影响的程度。为了进一步检验共同方法偏差对结果的影响,可以对数据构建测量模型,进行验证性因子分析,并在模型中加入共同方法因子,观察共同方法因子能否显著地改善模型的拟合效果,并进一步分析共同方法偏差的严重程度。由于在采用问卷调查法的研究中,共同方法偏差广泛存在,做到完全避免是不现实的,所以,在共同方法偏差影响不严重的情况下得到的结论也是可以被接受的。

当数据通过了信度检验、效度检验和共同方法偏差检验后,我们认为结果的异变程度较小,基于这样的结果得到的结论是可被接受的。因此,我们需要对结果进行深入剖析,挖掘各变量间的影响关系。

首先,通过相关性分析对变量间的关系做出初步判断。这一步我们将两两变量间的相关系数排列成相关系数矩阵,进而分析各变量间的相关关系。值得一提的是,变量两两之间的相关性显著与否仍不能判断变量之间的影响是否显著。Mackinnon等人(2001)认为在多个变量的共同作用下,会出现影响显著的两个变量由于其他变量的介入而在数值上出现相关性不显著的情况[182]。虽然有些变量之间存在显著的影响,但是在其他变量介入后,这种影响可能会被抵消,从而显得二者之间的影响并不显著。因此,虽然变量之间的两两相关性检验可以作为初步判断变量间关系的依据,但还需要进一步研究它们之间的作用过程。

结构方程模型适合研究构念间的影响关系,特别是对于包含多个因变量和中间变量的模型,通过路径系数的计算,可以清晰地反映各变量间的影响程度。结构方程模型包括测量模型、路径模型、全模型和均值结构模型[183]。验证性因子分析主要用到测量模型,而要研究变量之间的影响关系则需要用到路径模型或全模型。通过计算标准化路径系数,模型能够反映变量之间影响的方向、大小和显著性。

虽然结构方程模型反映了变量关系的逻辑网络,但是很难看出其中的间接效应。

例如,在结构方程模型中,我们知道 X 对 M 的影响,也知道 M 对 Y 的影响,但是很难看出 X 对 Y 的影响究竟主要是通过影响 M 来实现的,还是通过其他路径来实现的,以及哪种方式的影响效果更显著,影响程度更强烈。

所以,要更进一步地研究工匠精神与各结果变量之间的关系,我们还需要采用更加稳健的方法来检验可能存在的间接效应。Bootstrap通过对样本进行有放回的抽样,直至达到研究者设定的数量,并利用所抽取的样本在控制其他影响的情况下,计算间接效应指标。在大量抽取独立同分布的样本的过程中,由于服从中心极限定理,无论原始样本的数据如何发布,所抽取的样本会近似地服从正态分布,因此,通过Bootstrap进行中介效应检验会更加稳健。但要注意的是,Bootstrap分析报告的结果中包含直接效应,这并不代表自变量对因变量的直接影响,而是指除了所检验的间接效应之外的其他影响的总和。

综上,本书的研究方法如图3.1所示。我们首先验证数据结果的信度和效度,在数据通过信度和效度检验后,考查数据中存在的共同方法偏差,并且在明确了共同方法偏差对结果不会产生较大影响的情况下,开展变量间的关系探索。我们认为,通过这一系列的检验和分析,最终将得到可靠的结果。

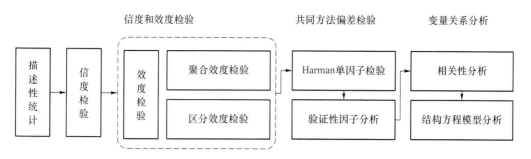

图 3.1 研究方法总览

3.4 判定指标及标准

前面我们介绍了本书的研究方法,但要结合实践,还需要明确工具的使用、判定的指标及标准。

在信度检验部分,我们将使用克隆巴赫 α 系数考查数据的信度。该系数是目前在组织管理研究中最常用,同时也是针对李克特量表设计的信度评价指标[183]。克隆巴赫 α 系数具体公式如下:

$$\alpha = \frac{k}{k-1}\left[1 - \frac{\sum S_i^2}{S_x^2}\right]$$

式中,k 是考查某一构念的测量项数量,S_i^2 代表所有被调查者测量项 i 得分的方差,S_x^2 代表所有被调查者该构念总得分的方差。在后续研究中,我们将利用 SPSS 25.0 中的"可靠性分析"功能计算克隆巴赫 α 系数。

根据 Nunnally(1978)提出的标准,一般认为克隆巴赫 α 系数大于等于 0.7,表示所考查的构念在数据结果上具有较好的信度[184]。

在效度检验部分,我们采用验证性因子分析计算研究模型的 AVE 和 CR 指标。首先,需要构建测量模型并验证测量模型的整体拟合效果。使用 Mplus 8.0 来构建模型并计算模型的拟合系数和标准载荷系数,可以在结果报告中得到 RMSEA、TLI、CFI 以及卡方自由度比值等指标。一般对 RMSEA 的要求为:当 RMSEA 小于等于 0.05 时,代表模型拟合程度较好;当 RMSEA 介于 0.05 到 0.08 之间时,代表模型拟合程度尚可被接受;当 RMSEA 介于 0.08 到 0.10 之间时,代表模型拟合程度不高;当 RMSEA 超过 0.10 时,代表模型拟合程度不合格[183]。Black 等在 *Multivariate Data Analysis* 第 580 页中对 TLI、CFI 等指标的要求是:当它们大于 0.9 时,表示模型的拟合效果比较好[185]。另外,对卡方自由度比值的要求是:其在小于等于 3 时才可被接受。

在检验了测量模型的拟合效果之后,我们将根据构念的各测量项的标准载荷系数计算 AVE 和 CR 指标。*Multivariate Data Analysis* 第 619 页对 AVE 和 CR 做了详细的介绍,认为 AVE 在大于等于 0.5 时测量项的聚合效度较好,但当 AVE 低于 0.5 时,测量项本身产生的误差将大于测量过程产生的误差,对结果的影响较大;CR 在大于等于 0.7 时,测量项的聚合效度较好,但是在 0.6 到 0.7 之间,也是可以被接受的[185]。二者公式如下:

$$\text{AVE} = \frac{\sum L_i^2}{n}$$

$$\text{CR} = \frac{(\sum L_i)^2}{(\sum L_i)^2 + \sum \delta}$$

其中,n 表示考查某个构念的测量项数量,L_i 表示测量项 i 对构念的标准载荷系数,δ 表示该构念各测量项的标准载荷系数的残差。

对于区分效度,Black 等人将每个构念的 AVE 指标与该构念同其余构念的相关系数的平方值进行对比,他们认为,若 AVE 大于这些平方值则表示该构念的区分效度是合格的[185]。所以我们在后续的研究中沿袭了这种做法,不一样的是,我们利用 AVE 指标的方根与相关系数做比较,这有利于节省操作步骤。

在共同方法偏差检验部分,Podsakoff 等人(1986)在研究中使用 Harman 单因子检验时强调,大部分研究的最大因子方差解释度在 20% 到 40%[181],所以我们在后续研究中认为,若存在不止一个因子的特征根大于 1,且其中最大的因子方差解释度低于 40%,则共同方法偏差将很难对结论判断产生误导。这种方法处理过程较为粗糙,虽然可以认为数据中的共同方法偏差对结果不存在严重影响,却很难进一步地判断这种影响的程度。通过在原模型中加入共同方法因子的验证性因子分析来检验共同方法偏差的做法,近年来在国外研究中使用得越来越多[186]。学者们一般认为,若在加入共同方法因子后的测量模型与原测量模型的拟合指标中 RMSEA 的变化不超过 0.05,CFI、TLI 等拟合指标不超过 0.1,则可认为共同方法因子不能明显改善模型,不存在显著的共同方法偏差。

最后,在分析构念间关系的过程中,我们将关系或影响的显著性划分为置信水平分别为 0.1、0.05 和 0.01 的 3 个档次。具体操作上,我们采用 SPSS 25.0 进行相关关系分析和间接效应分析,采用 Mplus 8.0 或 Amos Graphics 23.0 构建结构方程模型。

第4章 自我决定视角下的工匠精神影响机制

工匠精神是员工相对稳定的工作价值观,而员工双元行为则对员工的工作过程具有重要意义。本研究认为,具有工匠精神的员工具有较高的内部动机,从而对员工产生较强的内在驱动力,进而使得员工在工作过程中更加主动地进行利用行为与探索行为。本章利用自我决定理论剖析工匠精神对员工利用行为、探索行为的影响机制。本节中,作者的研究团队首先基于自我决定理论建立理论模型,随后利用问卷数据进行假设检验,最后对研究发现进行总结与讨论。

4.1 自我决定理论概述

4.1.1 理论核心机制

自我决定是一种关于经验选择的潜能,是指在充分认识个人需要和环境信息的基础上,个体能在多大程度上对自己的行动做出自由的选择[187]。自我决定理论强调自我在动机过程中的能动作用。该理论由需求理论演变而来,认为当个体的心理需求得到满足时他们的主观幸福感便会提升[188]。其与传统需求理论的区别在于,自我决定理论更加强调在充分认识个人需要和环境信息的基础上,个体对自己的行动做出自由的选择。这便意味着需求的满足过程并非是个体对环境的响应,而是个体主观能动性的结果。

自我决定理论认为,个体有三个主要的心理需求:能力需求、关系需求与自主性需求。当这些需求得到满足时个体的幸福感就会升高[189]。能力需求指的是个体在活动过程中感到努力有效且自身有能力达到预期结果的需求;关系需求指个体感知与他人联系并被他人理解的需求;自主性需求指的是个体在行动中感到自身有意志的需求,他们能够充分认可自己的行为,并作为自己行为的发起者而行动。大量研究表明,当个体的三种心理需求得到满足时,个体幸福感会增强。而随着研究的深入,后续研究对自主性需求的关注明显超过对其他需求的关注。自我决定理论将人类行为分为自我决定行为和非自我决定行为,认为驱力、内在需要和情绪是自我决定行为的动机来源。而在对应的动机上,现有研究也普遍将动机分为内在动机与外在动机[190]。该理论认为,个体内生的、对目标追求的自主性动机叫作内在动机;而受到外部影响的动机、例如金钱、奖惩等动机称为外部动机。一般认为,内部动机具有更好的韧性,能够促进个体积极向上、坚持不懈;外部动机则缺乏持久性,长期受外部动机影响甚至会对个体行为产生负面影响。比如,教育领域的研究发现:学生对目标与理想的追求能够使得他更加主动地学习并坚持下来,从而取得更好的学习成绩;而家长的奖惩手段容易将学生的内在动机外化,此时学生的学习积极性会显著降低[191]。

综上,自我决定理论将外部刺激、心理需求、个体动机、结果结合起来,是在各个情境下探究个体激励的重要理论。

4.1.2 理论发展及其在工作场所研究中的应用

自我决定理论作为以个体动机为核心的重要理论,在诸多研究议题中得到了应用。本小节将首先回顾自我决定理论在已有文献中的应用情况,再梳理该理论在工作场所研究中的应用。为此,我们在 Web of Science 的 SSCI 数据库中以"self-determination theory"为关键词进行检索,最终得到 6 399 篇文献。本研究利用 VOSviewer 对文献关键词进行分析,绘制了自我决定理论的文献图谱,如图 4.1 所示。

从图 4.1 中可知,自我决定理论围绕个体动机剖析个体行为,在工作场所、教育心理学、应用心理学等领域的研究中被广泛应用。从工作场所来看,自我决定理论主要应用于对员工态度与行为的研究,比如工作满意度、组织公民行为等;从教育心理学来看,自我决定理论主要应用于对学生个体学习行为的研究,比如,部分研究发现,内部动机较高的学生具有更强的学习主动性,并且学习成绩要显著高于内部动机低的学生[192];从应用心理学来看,自我决定理论主要应用于一般行为、情绪、幸福感等议题的研究,例如,部分研究发现,自主性较高的个体在恋爱关系中表现出更高程度的关系自主性,进而使他们能够更好地理解对方[193]。内部动机较高的个体韧性更强,同时幸福感也处于较高的水平。此外,自我决定理论还被应用于对游戏、病理等其他议题的研究。

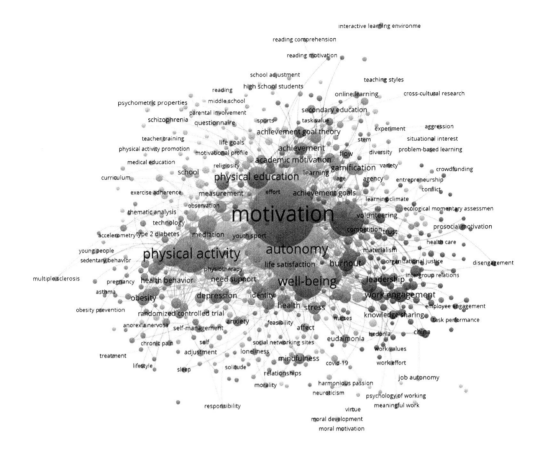

图 4.1 自我决定理论文献图谱

自我决定理论在工作场所研究中的应用广泛,员工行为、领导力、组织设计等议题均有涉及(图 4.2)。自我决定理论本身强调自主性动机(内在动机)对员工的积极作用,因此成为研究员工在工作环境中主动性的重要理论。回顾该理论在工作场所研究中的发展脉络,大致可以分为以下三个阶段。

第一阶段旨在探索个体心理需求的满足因素及心理需求与个体动机的关系。在这一时期,整体研究内容均围绕理论本身的命题与假设展开,通过对员工数据的收集,对最原始的假设进行验证。比如,有研究发现,员工的自主性需求、能力需求与关系需求得到满足后,他自身的幸福感与组织承诺会提升,而离职倾向则会降低。再如,部分研究发现,员工的工作环境、领导等因素会对上述机制产生调节作用[194]。总的来说,这一时期的研究设计与研究深度都稍显不足,主要停留在简单的报告层面。但与此同时,自我决定理论的科学性与合法性得到了数据验证,该理论的研究框架也在这一时期基本成型,为后续的研究奠定了理论基础。

第二阶段则主要利用自我决定理论剖析职场现象。这一阶段的研究主要以理论演绎为主,通过对自我决定理论的推演,建立文献的理论模型,进而对模型进行验证。主要研究结果表明,个体因素、团队因素、组织及岗位因素及干预手段均会对员工的心理需求与个体动机产生影响,进而影响员工的态度与行为[190]。例如,自主导向较高的员工具有较高的自主性需求,也更加容易在工作中表现出积极的工作态度[195]。与之相反,物质主义取向较高的员工则受外部动机影响较大,在缺乏有效外部刺激的作用下这类员工的积极性会受挫[196]。再如,有研究发现,变革领导力会影响下属的自我效能,此时员工会更加积极地采取组织公民行为[197]。同样的,发展型领导力、谦卑型领导力、团队自主性导向等团队因素均会通过满足员工的自主性需求进而激发他们的内部动机,影响员工的工作行为[197-199]。此外,研究还发现组织及岗位因素也会对员工的心理需求产生影响,员工的个人组织匹配与要求能力匹配会促进员工自主性需求、能力需求的提升,从而产生积极的工作结果[200]。在这些机制研究的基础上,研究者们进一步探索了午间休息与正念等心理干预手段对于员工的影响,研究发现这些手段能够促进员工的内部动机进而产生积极影响。总的来说,目前,这一阶段研究的文献总量最为丰富,研究者们利用自我决定理论深入研究了个体特质、领导力等因素对员工工作结果的影响。但同时也存在一些不足,受早期研究的影响,这些研究存在非常明显的框架痕迹,缺乏对理论的深入推进。

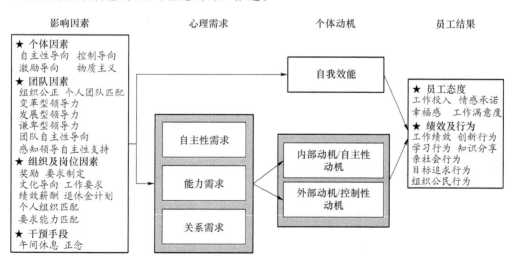

图 4.2 自我决定理论常用机制总结

近年来,自我决定理论在工作场所的运用出现了新的研究取向,即该系列研究有进入第三阶段的趋势。在这一阶段,研究者们逐渐摆脱既有的研究框架束缚而回归到理论本身,采取多样化的研究设计开展研究。他们认识到从影响因素到心理需求、个体动机的过程并非简单的线性因果关系,而是一个动态变化过程[201]。在外部环境的作用下,员工的心理需求与个体动机均非一成不变的,而很有可能随着时间产生变化。例如,一项针对求职者的研究发现,在求职早期,求职的自主性动机对员工的求职策略发挥着积极作用,而控制性动机则发挥着消极作用;但随着求职过程的不断推进,求职者的自主性动机逐渐下降,控制性动机的影响越来越大[201, 202]。在求职的最后阶段,员工的求职策略主要受控制性动机的影响。类似的研究不仅深刻揭示了现实生活的管理现象,还有效深化了自我决定理论本身的研究。与此同时,这一阶段的研究也逐渐显现出了与其他理论相融合的趋势,如将员工的动机与情绪、自我控制等融合以追踪员工在工作场所中的动态变化[203]。

综上,自我决定理论作为一个以员工自主性动机(内在动机)为核心的激励理论已经被充分运用于组织行为学研究的各个议题中,在既有理论框架建立后,近年来呈现出明显的理论进化趋势。

4.2 理论模型与假设发展

在回顾自我决定理论的核心机制与发展情况后,本小节将利用自我决定理论剖析工匠精神对员工内部动机与外部动机的影响及上述动机对员工双元行为的影响。

4.2.1 工匠精神对内部动机的影响

工匠精神是员工在工作过程中不断探索、追求细节的一种价值观,包含精益求精、笃定执着、责任担当、个人成长与珍视声誉五个维度[204]。内在动机是指个体的工作目的是指向工作活动本身的,工作活动本身能使员工得到情绪上的满足,从而产生成功感[187]。本研究认为,工匠精神能够激发员工的内部动机,主要原因在以下几个方面。首先,工匠精神本身对应着员工的一种自发的价值追求观念。这种观念是员工相对稳定的个人特质,会对员工的行动倾向造成持续性的影响。在工作场所中,工匠精神会驱使员工更加积极主动地完善工作流程、提高工作技艺,比如,倾向于重视工作过程中的细节、不断提高自身的工作技艺、主动承担责任等[205]。这些均是员工的一种以价值追求为导向的自我驱动力,而非因外界的激励因素采取的行动。其次,具有工匠精神的员工能够满足自身的自主性需求与能力需求,进而影响内部动机。这是因为拥有工匠精神的员工往往会积极主动地进行对自身的完善,这种活动倾向使得员工的自主性得到满足的同时,自身能力也能得到较高幅度的提升[206]。个体心理需求的满足意味着员工能够产生较大的内部动机从而完成工作任务。最后,工匠精神具有典型的长期目标导向特质。具有工匠精神的员工一般都倾向于关注自身的长期发展与长期工作的结果,这使得他们具有内控的动机倾向而不受外部因素的刺激。因此,工匠精神会正向影响员工的内部动机。

工匠精神包含精益求精、笃定执着、责任担当、个人成长与珍视声誉五个维度,这五个维度对员工内在动机的影响存在些许差异[207]。具体而言,精益求精表现为员工对工作细节完美的追求,精益求精的员工不会简单地满足于已有的工作结果,而是倾向于更加主动地完善工作过程并追求自身能力的提高。因此,精益求精的员工能够产生对技艺追求的自我驱动力,具有较高的内在动机。笃定执着表现为员工自身的坚持与韧性,较为笃定执着的员工拥有较好的目标感与方向感,能够更好地应对环境挑战并朝着目标前进,因此员工的笃定执着能够促进员工的内在动机。责任担当体现了自身的责任感,这样的员工更加愿意肩负起工作场所中的责任,具有较高水平的心理承诺与心理所有权,他们更加容易受工作本身的影响而非外界影响[208]。个人成长体现了员工的自我成长导向与长期导向,更加注重个人成长的员工无疑会更受自身目标的影响,因此具有更高的内在动机。珍视声誉意味着员工在具有自驱力的同时也会受到外部环境的影响,他们会顾及自己在组织中的声誉,从而削弱自身的内在动机,因此,员工珍视声誉的价值取向可能会在一定程度上降低员工的内在动机,但不影响工匠精神整体对内在动机的促进作用。

综上所述,本研究提出以下假设:

假设4.1:工匠精神与内在动机存在正向关系。

4.2.2 工匠精神对外在动机的影响

工匠精神作为一种相对稳定的工作价值观,具有自主导向的特点。外在动机是指由外部力量与外部环境激发的工作动机。本研究认为,工匠精神会削弱员工的外在动机,具体原因有以下几点。首先,具有工匠精神的员工相对而言受表扬、奖品、奖金等外部激励因素的影响较小。这是因为具有工匠精神的员工更加关注自身的工作目标追求与工作细节完善,自身关注的焦点并未放在外部激励因素上,因此工匠精神的工作动力更多的是一种自我反馈过程,而非激励反应过程[209]。他们的工作态度与工作行为更加不容易受外界因素影响。其次,工匠精神是典型的主动型个体特质。这种主动型特质使得员工喜欢积极主动地投入工作过程,而不受外部激励因素的影响。因此,工匠精神蕴含的员工主动性特征会削弱他们自身的外部动机。最后,工匠精神是典型的长期导向价值观。具有工匠精神的员工更加注重长期的工作结果与自身的成长结果,而外在激励往往是短期、即时的,因此,很难对这样的员工产生较高的影响。

本研究认为工匠精神会对员工的外在动机会产生负面影响,但同时各个维度对员工的影响存在些许差异。具体而言,工匠精神的精益求精维度意味着员工更加享受工作细节的完善与工作技能不断提升的过程,而不受公司奖金等因素的影响。笃定执着则意味着员工对事业的坚守。因此,这两个维度均会降低员工的外在动机。而工匠精神的责任担当则意味着员工更加愿意通过自主地承担责任,而非外部因素的驱使进行工作。因此,具有责任担当的员工往往也会有较低的外在动机。而重视个人成长的员工相对于眼前的得失,则更加关注长期的绩效与成长过程[190]。因此,短期的奖金与激励计划对这些员工的行为影响相对更小。与之相对的,员工珍视声誉则意味着他们同时也会在乎社会评价,他们可能会为同事或者领导对他们技艺的赞誉而做出努力,因此会提高他们自身的外部动机。但总体而言,员工珍视声誉的倾向不会影响工匠精神对外部动机的负向影响。

综上所述,本研究提出以下假设:

假设4.2:工匠精神与外在动机存在负向关系。

4.2.3 内在动机对员工双元行为的影响

双元行为最开始来源于组织层面的双元学习研究,随后延伸到了个体层面,探究员工的日常性活动。个体层面的双元行为是指员工在一定时间内将利用和探索的相关活动结合起来的行为模式,具体分为利用行为与探索行为。利用行为是指个体进行经验总结并利用已有经验完成日常性工作任务的行为;探索行为则是指员工在已有经验的基础上积极主动进行探索从而完善工作流程,提高工作效率的行为。二者是员工日常工作的两个方面,它们存在多方面的差异。有研究指出:利用行为实现难度较低且风险较小,不会占用员工过多的事件与精力,但是对团队的增益也相对较小;而探索行为实现难度较高且风险较大,需要占用员工大量的时间与精力,但相应的,对员工绩效与团队绩效也有更大的价值[210]。

本研究认为,内在动机会促使员工的利用行为与探索行为。这是因为当员工具有较高的内部动机时便会更加受自身方向与目标的影响,进而更加积极主动地投入工作过程[211]。首先,内部动机中的员工自主性使得员工极具积极性与方向感。员工在确立工作方向后,能够有效地排除其他工作与生活中的干扰,专心地将自己的时间与精力投入团队的日常活动中,从而专注于工作过程中的利用行为与探索行为。其次,内部动机的存在也为员工的利用行为与探索行为提供资源。员工进行利用行为与探索行为需要花费他们较多的资源,如果这些资源得不到补充便难以维系这种持续性的资源损耗活动。而员工较高水平的内部动机便意味着员工形成了一个自我反馈的资源补充过程,通过工作过程中的成就感与获得感便能够完成所需资源的补充。最后,员工的内在动机较高意味着员工受外界因素的影响较小,员工能够更加积极地承担双元行为中的风险,而对于探索失败的后果忧虑程度更低。因此,内在动机较高的员工会更加倾向于进行利用行为与探索行为。

综上所述,本研究提出以下假设:

假设 4.3a:内在动机与利用行为存在正向关系。

假设 4.3b:内在动机与探索行为存在正向关系。

4.2.4 外在动机对员工双元行为的影响

与内在动机对员工双元行为的积极影响不同,本研究认为外在动机对员工双元行为的影响更加复杂,这是由它本身的"双刃剑"效应决定的。一方面,外在动机确实能够提高员工的积极性;另一方面,外在动机的作用依赖于一定的外部刺激,在某些条件下甚至可能产生反作用。因此,本研究认为外在动机会促进员工的利用行为,但同时会降低员工的探索行为[195]。

本研究认为,外在动机会促进员工的利用行为,主要原因体现在以下几个方面。首先,外在动机对于员工的工作行为本身具有激励作用。外在动机作为员工对于外部激励的一种行为取向,本身也是员工工作动力的一种重要表现形式[207]。因此,外部动机较高的员工能够在激励条件的影响下在工作过程中进行利用行为,进而获得自身追求的外部奖励。其次,利用行为对员工的资源投入要求较小。外在动机较高的员工虽然具有更高效的工作行为,但具有被动、难以持续等特点。而利用行为对员工的时间与精力损耗较小,不需要员工进行持续性的资源投入。因此,相对于探索行为,外在动机较高的员工更加有可能进行利用行为[193]。最后,利用行为本身的风险更小。外在动机较高的员工不愿意承担更高的风险,以避免自身的物质奖励与社会声望的损失。员工的利用行为不需要承担较高的风险,因此员工可能会更加积极地进行探索行为。与此同时,外在动机也会负面影响员工的探索行为。一方面,外在动机较高的员工缺乏足够的内生动力完成探索行为。探索行为要求员工持续投入精力在工作过程中进行扩展与探索，外在动机较高的员工缺乏完成这一任务所必需的动力。另一方面，外在动机较高的员工不愿意承担探索行为过程中的高风险。由于探索行为面临着一定的失败风险，所以外部动机较高的员工一般出于对失去物质奖励与良好评价的恐惧而较少进行探索行为。

综上所述，本研究提出以下假设：

假设 4.4a：外在动机与利用行为存在正向关系。

假设 4.4b：外在动机与探索行为存在负向关系。

基于本章假设提出自我决定视角下工匠精神影响机制理论模型，如图 4.3 所示。

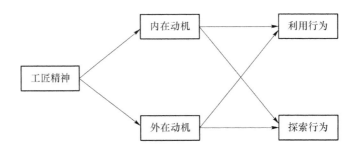

图 4.3　自我决定视角下工匠精神影响机制理论模型

4.3　数据分析结果

4.3.1　描述性统计

本研究收回的 209 份有效问卷中，被调查者年龄主要集中在 21 到 38 周岁，占比为 73.4%，39 到 45 周岁的占 16.4%，46 到 50 周岁的占 6.2%，51 到 56 周岁的占 4.0%。被调查者的工作年限在 15 年及以下的占比为 56.5%，16 年到 20 年的占 24.3%，21 年到 25 年的占 13.0%，26 年到 30 年的占 3.9%，30 年以上的占 2.3%。被调查者当前工作的任职期限在 5 年以下的占 52.0%，6 年到 10 年的占 36.1%，11 年以上的占 11.9%。

表 4.1 统计了参与假设检验的各变量（因子）及其测量项的均值、标准差。

表 4.1 变量及其测量项的描述性统计

变量名	均值	标准差	变量名	均值	标准差
工匠精神	4.19	0.38	内在动机	3.89	0.57
个人成长	4.21	0.47	U1	3.79	0.72
C1	4.23	0.56	U2	3.87	0.71
C2	4.18	0.60	U3	3.93	0.71
C3	4.26	0.56	U4	3.99	0.66
C4	4.17	0.59	U5	3.87	0.77
责任担当	4.49	0.45	外在动机	2.73	0.48
C5	4.43	0.55	V1	3.73	0.83
C6	4.51	0.52	V2	2.87	0.88
C7	4.48	0.56	V3	3.20	0.94
C8	4.53	0.54	利用行为	3.62	0.56
笃定执着	3.81	0.62	Z1	3.72	0.85
C9	3.97	0.77	Z2	3.01	1.12
C10	3.57	0.99	Z3	3.71	0.70
C11	3.75	0.80	Z4	3.76	0.74
C12	3.95	0.81	Z5	3.43	0.84
精益求精	4.25	0.47	Z6	3.84	0.72
C13	4.34	0.61	Z7	3.87	0.77
C14	4.38	0.54	探索行为	3.30	0.73
C15	4.21	0.63	Aa1	3.35	0.97
C16	4.02	0.65	Aa2	3.33	0.94
珍视声誉	4.19	0.52	Aa3	3.44	0.91
C17	4.27	0.67	Aa4	2.99	0.97
C18	4.32	0.59	Aa5	3.32	0.85
C19	3.79	0.85	Aa6	3.68	0.79
C20	4.37	0.67	Aa7	2.93	0.98
年龄	36	6.85	工作年限	14.23	7.86
性别	1.18	0.38	任职期限	5.40	3.46
教育水平	1.31	0.52			

4.3.2 信度检验

分别分析参与假设检验的所有研究量表测量项的克隆巴赫 α 系数,结果如表 4.2 所示。

表 4.2 克隆巴赫 α 信度分析

变量	α 系数	变量	α 系数
工匠精神	0.81	珍视声誉	0.73
个人成长	0.82	内在动机	0.86
责任担当	0.85	外在动机	0.70
笃定执着	0.71	利用行为	0.80
精益求精	0.77	探索行为	0.90

表中各变量的系数值均大于 0.7,这表明研究量表的信度均可被接受,且一致性和可靠性较强。其中:考查工匠精神的五个维度的系数分别为 0.82、0.85、0.71、0.77、0.73,这五个维度在共同考查工匠精神时,信度系数为 0.81,均达到较高信度;另外,内在动机、外在动机、利用行为、探索行为的信度系数分别为 0.86、0.70、0.80、0.90,外在动机的信度系数在可接受范围内,其余三者均达到较高信度。

4.3.3 效度检验

利用 Amos23.0,根据前文提出的理论模型构建结构方程模型,并进行验证性因子分析,整体拟合系数结果如表 4.3 所示。

表 4.3 整体拟合系数

卡方值	自由度	卡方自由度比值	TLI	CFI	RMSEA
1 154.24	783.00	1.47	0.89	0.90	0.05

模型的卡方自由度比值为 1.47,小于 3;TLI、CFI 等指标均在 0.9 左右,说明模型与数据高度拟合;RMSEA 为 0.05,小于 0.10。所以总体而言,卡方自由度比值、RMSEA 这两个较为重要的指标远小于标准边界,TLI 和 CFI 等指标均达到较高水平,该模型的拟合结果较好。

(1) **聚合效度分析** 在验证了模型的拟合效度达标之后,需要对研究量表进行聚合效度分析,检验模型中因子的测量项的聚合程度,即检验划入该因子的测量项是否能够准确地考查该因子。

分析参与假设检验的各变量的测量项后,聚合效度分析的结果如表 4.4 所示。其中:个人成长(AVE=0.52,CR=0.81)、责任担当(AVE=0.57,CR=0.84)、内在动机(AVE=0.56,CR=0.86)、探索行为(AVE=0.57,CR=0.90)聚合效度较好,AVE指标均在 0.50 以上且 CR 指标均大于 0.70;精益求精(AVE=0.47,CR=0.78)、珍视声誉(AVE=0.44,CR=0.75)、利用行为(AVE=0.40,CR=0.82)、外在动机(AVE=0.47,CR=0.72)、笃定执着(AVE=0.40,CR=0.72)的 AVE 均在 0.40 以上,CR 均大于 0.70,所以聚合效度均可被接受。上述分析结果表明,本研究量表数据具有足够的聚合效度。

表 4.4 模型标准载荷系数、AVE 和 CR 指标结果

变量名	测量项	标准载荷系数	AVE	CR	变量名	测量项	标准载荷系数	AVE	CR
个人成长	C1	0.76	0.52	0.81	内在动机	U1	0.69	0.56	0.86
	C2	0.78				U2	0.70		
	C3	0.67				U3	0.79		
	C4	0.68				U4	0.80		
责任担当	C5	0.75	0.57	0.84		U5	0.74		
	C6	0.77			外在动机	V1	0.77	0.47	0.72
	C7	0.78				V2	0.77		
	C8	0.73				V3	0.47		
笃定执着	C9	0.43	0.40	0.72	利用行为	Z1	0.63	0.40	0.82
	C10	0.73				Z2	0.36		
	C11	0.67				Z3	0.64		
	C12	0.66				Z4	0.76		
精益求精	C13	0.72	0.47	0.78		Z5	0.62		
	C14	0.73				Z6	0.71		
	C15	0.69				Z7	0.64		
	C16	0.61			探索行为	Aa1	0.90	0.57	0.90
珍视声誉	C17	0.73	0.44	0.75		Aa2	0.91		
	C18	0.77				Aa3	0.85		
	C19	0.49				Aa4	0.60		
	C20	0.62				Aa5	0.75		
						Aa6	0.65		
						Aa7	0.53		

（2）**区分效度分析** 将聚合效度分析中的 AVE 值的平方根与因子的相关系数组成矩阵，如表 4.5 所示，各因子的 AVE 根值排列在矩阵的对角线上。其中：精益求精的 AVE 根值为 0.69，大于其与任何因子之间的相关系数；笃定执着的 AVE 根值为 0.63，同样大于其与任何因子之间的相关系数。类似地，可以发现表 4.5 中其他因子的 AVE 根值均大于其与别的因子之间的相关系数。这表明该模型中任意两个因子之间的区分效度较好。

表 4.5 区分效度：Pearson 相关与 AVE 根值

变量	变量								
	精益求精	笃定执着	责任担当	个人成长	珍视声誉	内在动机	外在动机	利用行为	探索行为
精益求精	0.69								
笃定执着	0.50	0.63							
责任担当	0.66	0.34	0.75						
个人成长	0.58	0.35	0.60	0.72					
珍视声誉	0.52	0.47	0.42	0.39	0.66				
内在动机	0.05	0.10	0.20	0.15	0.07	0.75			
外在动机	0.03	−0.07	0.06	0.001	−0.09	0.41	0.63		
利用行为	0.02	−0.03	0.02	−0.004	0.06	0.33	0.03	0.63	
探索行为	0.02	0.10	0.15	0.03	0.16	0.44	0.14	0.51	0.75

注：对角线上为各变量的 AVE 根值。

4.3.4 共同方法偏差检验

本研究采用自我报告数据，可能存在共同方法偏差问题，所以在根据研究结果进一步得出结论前，有必要检验数据是否存在共同方法偏差。

为初步判断数据的共同方法偏差情况是否严重，对收集的数据采用 Harman 单因子检验进行共同方法偏差的检验，表 4.6 列出了未旋转的探索性因子分析结果中特征根大于 1 的因子。

表 4.6 共同方法偏差检验：总方差解释

成分	初始特征值		
	总计	方差百分比（%）	累积（%）
1	8.27	19.69	19.69
2	6.35	15.13	34.81
3	2.69	6.41	41.23

续表

成分	初始特征值		
	总计	方差百分比(%)	累积(%)
4	2.37	5.64	46.86
5	1.93	4.60	51.47
6	1.59	3.77	55.24
7	1.42	3.37	58.61
8	1.19	2.84	61.46
9	1.14	2.71	64.17
10	1.01	2.40	66.56

通常认为若在 Harman 单因子检验中,存在不止一个因子的特征根大于1,且其中最大的因子方差解释度低于40%,则认为样本中不存在严重的共同方法偏差。表4.6中特征根大于1的因子数量为10,其中最大的因子方差解释为19.687%,低于常用的临界标准40%,初步认为本样本中不存在严重的共同方法偏差。

上述方法处理过程较为粗糙,虽然可以认为数据中的共同方法偏差对结果不存在严重影响,却很难进一步地判断这种影响的程度。为了进一步检验共同方法偏差对结构方程模型的影响,接下来采用在原模型中加入共同方法因子的检验性因子分析,旨在观察共同方法因子在模型中的作用强度,并进一步分析研究量表数据的准确性。

研究中设不含共同方法因子的模型为模型1,设加入共同方法因子的模型为模型2,并分别分析二者的拟合指标,结果如表4.7所示。

表4.7 共同方法偏差检验:模型拟合系数

		卡方值	自由度	卡方自由度比值	TLI	CFI	RMSEA
模型1	不含共同方法因子	1 154.24	783	1.47	0.89	0.90	0.05
模型2	含共同方法因子	1 058.81	741	1.43	0.89	0.91	0.05
	模型1-模型2(Δ)			0.04	0.00	-0.01	0.00

结果显示:模型1中的卡方自由度比值为1.47,模型2中的卡方自由度比值为1.43,加入共同方法因子后,卡方自由度比值下降0.04,变化小于0.05;模型1的TLI为0.89,模型2的TLI为0.89,加入共同方法因子后,TLI的变化太小,以至于在保留两位小数的情况下忽略不计;模型1的CFI为0.90,模型2的CFI为0.91,加入共同方法因子后,CFI增加0.01;模型1的RMSEA为0.05,模型2的RMSEA也为0.05,加入共同方法因子后RMSEA没有明显变化,远小于标准的0.05。总体看来,

加入共同方法因子后,模型的拟合指标没有得到显著提升,说明相对于原模型,共同方法因子不能显著地改善模型。这也表明数据中的共同方法偏差对拟合结果的影响不显著。

综上,所收集的数据不存在显著的共同方法偏差。所以,在共同方法偏差影响不显著的情况下得到的结论是可以被接受的。

4.3.5 相关性分析

根据收集到的数据,各变量的均值、标准差和相关系数如表 4.8 所示。内在动机与个人成长($r=0.15$,$p<0.05$)、责任担当($r=0.20$,$p<0.01$)均显著正相关,说明在变量两两之间的相关性检验中,工匠精神的部分内涵与员工的内在动机正相关。另外,内在动机与利用行为($r=0.33$,$p<0.01$)、探索行为($r=0.44$,$p<0.01$)均显著正相关。这说明可能在工作过程中,员工对内在动机的满足与采取利用行为和探索行为的频繁程度具有正相关关系。

外在动机与工匠精神的五个维度的相关性均不显著,这说明总体看来工匠精神主要与员工的内在动机相关,同时员工的利用行为和探索行为也主要受内在动机的驱使。这契合了工匠精神作为一种工作价值观,更聚焦于内在心理满足与自我实现的特点。工匠精神较强的人往往更享受全身心投入工作所带来的内心充实、平和与淡然,而避免过多关注工作所能带来的各种物质条件。

除此之外,探索行为与人的责任担当($r=0.15$,$p<0.05$)、珍视声誉($r=0.16$,$p<0.05$)的程度以及外在动机($r=0.14$,$p<0.10$)、内在动机($r=0.44$,$p<0.01$)均呈显著正相关,但利用行为与前三者的相关性不显著。这说明员工的探索行为可能受外在动机与内在动机的双重影响,并与其对工作的笃定执着、对声誉和影响力的重视程度有关。相反,利用行为主要与内在动机相关,却与外在动机和其他工匠精神的内涵没有显著的相关性。

值得一提的是,变量两两之间的相关性显著与否仍不能判断变量之间的影响是否显著。在多个变量共同作用下,经常会出现影响显著的两个变量由于其他变量的介入而在数值上相关性不显著的情况;虽然有些变量的相关性显著,但是在其他变量介入后,其相关性可能会被其他变量稀释而反映出二者之间的影响并不显著。因此,虽然变量之间的两两相关性检验可以作为初步判断变量间关系的依据,但还需要进一步研究它们之间的作用过程。

表 4.8 相关性分析

变量	精益求精	笃定执着	责任担当	个人成长	珍视声誉	内在动机	外在动机	利用行为	探索行为
精益求精	1.00								
笃定执着	0.50***	1.00							
责任担当	0.66***	0.34***	1.00						
个人成长	0.58***	0.35***	0.60***	1.00					
珍视声誉	0.52***	0.47***	0.42***	0.39***	1.00				
内在动机	0.05	0.10	0.20**	0.15**	0.07	1.00			
外在动机	0.03	−0.07	0.06	0.00	−0.09	0.41***	1.00		
利用行为	0.02	−0.03	0.02	0.00	0.06	0.33***	0.03	1.00	
探索行为	0.02	0.10	0.15**	0.03	0.16**	0.44***	0.14*	0.51***	1.00

注：***表示在 0.01 级别（双尾）相关性显著；**表示在 0.05 级别（双尾）相关性显著；*表示在 0.10 级别（双尾）相关性显著。

4.3.6 结构方程模型分析

通过构建结构方程模型，可以计算出各变量之间的路径系数，进一步厘清变量互相作用的过程。

将参与假设检验的九个变量（精益求精、笃定执着、责任担当、个人成长、珍视声誉、内在动机、外在动机、利用行为、探索行为）构建结构方程模型，并计算路径系数。最终，标准化路径系数如图 4.4 所示。

图 4.4 中，工匠精神的部分内涵对内在动机、外在动机存在显著的影响。其中，责任担当对内在动机的影响系数为 0.55（$p<0.05$），这说明拥有工匠精神的员工在坚持某项事业，进行为产品和服务负责的过程中，会对内心的满足感提出更高的要求并保持对这项工作的兴趣与激情。对内在动机产生显著影响的还包括精益求精，其对内在动机的影响系数为 −0.56（$p<0.1$），这说明精益求精会负向影响内在动机，即员工对工作品质的要求越严苛，越会忽略对内心满足感的需要。

对于外在动机，工匠精神的五个维度的影响不显著。可见，工匠精神主要通过影响员工的内在动机而发生作用。

内在动机会正向影响利用行为，其对利用行为的影响系数为 0.60（$p<0.01$），即员工满足内心的愿望越强烈，越倾向于利用现有资源，或者前人的工作成果来提升工作绩效。同时，内在动机也会正向影响探索行为，影响系数为 0.54（$p<0.01$），也就是

在内在动机的驱使下,员工更愿意探索新方案来改进当前工作,或者采取变道的形式实现创新突破。这说明工匠精神注重人的心理满足与自我实现,同时在内在动机的驱使下,员工更愿意采取各种措施来实现对工作的改进,进而获得满足感和充足感。

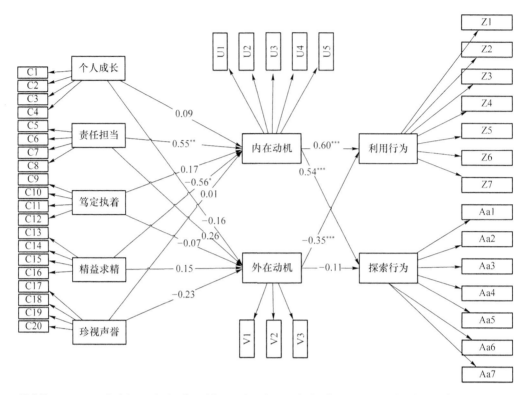

样本量(N)=207;*表示在0.1水平显著(双尾);**表示在0.05水平显著(双尾);***表示在0.01水平显著(双尾)

图4.4 结构方程模型结果(工匠精神分五个维度)

外在动机负向影响利用行为,影响系数为-0.35($p<0.01$),但对探索行为没有显著影响。这说明员工对物质条件越关注、对外部条件的期望越高,现实的外部条件与期望的落差就会越大,不利于员工利用现有资源提高当前工作的绩效。虽然外在动机会负向影响探索行为,但是这种影响不显著。

为了观察工匠精神对内在动机、外在动机的整体影响,将精益求精、笃定执着、责任担当、个人成长、珍视声誉的简单平均值作为考查工匠精神的指标(如图4.5所示)。根据信度分析,该过程中的克隆巴赫α系数值为0.81,所以认为它们的均值能较好地反映工匠精神。

通过构建结构方程模型,可以看到工匠精神主要影响内在动机,其对内在动机的影响系数为0.15($p<0.10$),较为显著。另一方面,工匠精神对外在动机的影响不显

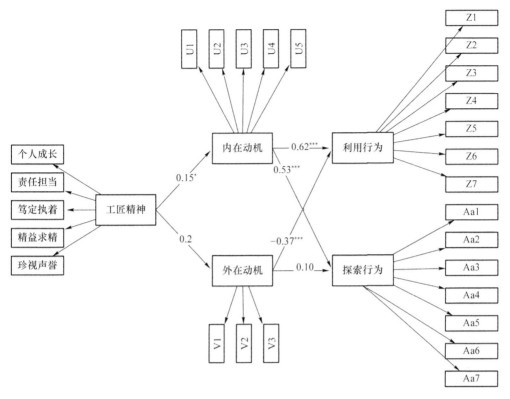

样本量(N)=207；*0.1水平显著(双尾)；**0.05水平显著(双尾)；***0.01水平显著(双尾)

图4.5 结构方程模型结果(工匠精神单一维度)

著。这说明虽然工匠精神的内涵影响了外在动机，但是由于这种效果不明显，当工匠精神的全部内涵共同作用时，外在动机受到的叠加影响仍不显著。

另外，将工匠精神的综合指标作为因子构建结构方程模型后，除了工匠精神对内在动机和外在动机的影响发生了变化，其他部分的变化很小。从图4.5中可看出，内在动机和外在动机对利用行为和探索行为的影响显著性没有发生变化，影响系数变化都在0.01左右。所以，该模型和之前构建的模型相似，构建过程中不存在严重的偏差。

进一步分析该模型的拟合系数，如表4.9所示。模型的卡方自由度比值CMIN/DF为1.47，小于3，另外TLI、CFI等拟合数据均在0.90附近，RMSEA为0.05，小于0.10，可以认为该模型拟合效果较好，结果较可信。

表 4.9　模型拟合系数

卡方值	自由度	卡方自由度比值	TLI	CFI	RMSEA
1 154.24	783	1.47	0.89	0.90	0.05

总体而言,相比于外在动机,工匠精神对内在动机的影响更大,既有正向影响也有负向影响,且正向影响大于负向影响。内在动机是影响利用行为和探索行为的主要因素,且主要表现为正向影响。

4.3.7　间接效应检验

为了更深入地探究在自我决定视角下,工匠精神对利用行为和探索行为的作用过程,接下来采用 Bootstrap(20 000 次抽取)分析检验单条路径所产生的间接效应。

表 4.10　间接效应显著性检验的 Bootstrap 分析

路径	标准化间接效应值	95%置信区间	
		下限	上限
工匠精神→内在动机→利用行为	0.070	0.002	0.178
工匠精神→外在动机→利用行为	0.006	−0.014	0.041
间接效应	0.077	0.003	0.188
直接效应	−0.046	−0.256	0.163
工匠精神→内在动机→探索行为	0.118	−0.004	0.268
工匠精神→外在动机→探索行为	0.030	0.000	0.093
间接效应	0.149	0.023	0.312
直接效应	0.084	−0.169	0.337

从表 4.10 可知,工匠精神通过内在动机影响利用行为,内在动机在工匠精神与利用行为之间的间接效应显著,但是工匠精神通过其他路径对利用行为的间接影响不显著。

另外,虽然工匠精神存在通过外在动机影响探索行为的显著间接影响,但是由于其下限逼近 0,同时,工匠精神通过该路径对探索行为的影响较小,标准化间接效应系数为 0.03。所以,我们认为工匠精神虽然在一定程度上能够通过外在动机影响员工的行为,但是其主要影响员工的内在动机进而促进利用行为的发生。

值得注意的是,工匠精神通过内在动机对探索行为的影响效应值较高,但是显著性在 95%置信区间内表现得较差。在之前的路径系数分析中,内在动机对探索行为的影响较大且显著,因此有必要进一步研究内在动机在工匠精神和探索行为之间的间接效应。对该路径进行90%置信区间下的Bootstrap分析,结果如表4.11所示。

表4.11 间接效应显著性检验的Bootstrap分析

路径	标准化间接效应值	90%置信区间	
		下限	上限
工匠精神→内在动机→探索行为	0.118	0.017	0.241
直接效应	0.110	−0.101	0.322

表4.11表中,内在动机在工匠精神与探索行为之间的间接效应在90%置信区间下显著,且工匠精神对探索行为的直接效应不显著,所以内在动机在该路径中存在完全间接效应。

4.4 结论与讨论

4.4.1 研究结论

根据前面的检验结果,本研究量表具有较好的信度和效度,因此认为研究模型中的因子测量是合理的,后续的一系列分析结果也是可信的。接下来,将从以下几个角度对研究结果展开讨论。

(1) 责任担当、精益求精与内在动机

并非所有工匠精神的内涵对内在动机都有显著影响,其中责任担当和精益求精对内在动机的影响较为显著,相比之下,工匠精神其他方面的影响不显著。个人成长、笃定执着、珍视声誉对内在动机的影响系数分别为0.09、0.17、0.01,均较低且不显著,因此这三者对员工的内在动机的作用不大,或者存在另外一种可能,工匠精神的内涵间本身存在一定相关性,且存在解释力度更强的变量,导致这三个变量的解释力度被其他变量所涵盖。

工匠精神作为一种工作价值观,是一个包含多种价值观的稳定系统,对于不同人这些价值观的优先级不同,所对应的外在表现不同。其中工匠精神的责任担当能够促进内在动机,对内在动机的影响系数为0.55($p<0.05$),但是精益求精对内在动机的影响系数为−0.56($p<0.10$),对内在动机产生负向影响。所以,可以得出以下结论。

结论 1：工匠精神作为多种价值观构成的系统，其五个内涵对内在动机的影响方向和显著性不同。

结论 2：工匠精神中，责任担当会正向影响内在动机，即拥有工匠精神的员工越重视责任担当，其内在动机越大；精益求精会负向影响内在动机，即拥有工匠精神的员工越重视对工作的极致追求，其内在动机越小。

（2）工匠精神与内在动机、外在动机

从总体来看，工匠精神对内在动机有显著正向影响，影响系数为 $0.15(p<0.10)$，但是对外在动机没有显著影响。这一方面是因为五个因子本身对外在动机的影响不显著；另一方面是由于它们在共同作用下，工匠精神对外在动机的正面和负面影响互相抵消导致总体影响不显著。

这印证了工匠精神聚焦于员工的内在动机的特点，即工匠精神更聚焦于内在心理满足与自我实现，因此，有以下结论。

结论 3：工匠精神的影响聚焦于内在动机而对外在动机的影响不显著；工匠精神对内在动机有显著正向影响，即工匠精神越强烈，员工对内在心理满足的要求越高。

（3）内在动机、外在动机与利用行为

对比前面两个结构方程模型，内在动机和外在动机对利用行为的影响系数和显著性在两模型之间不存在显著变化。其中：内在动机对利用行为的影响系数显著，为 $0.62(p<0.01)$；外在动机对利用行为的影响系数显著，为 $-0.37(p<0.01)$。也就是说，在工匠精神的影响下，内在动机越强，员工越愿意采取利用行为；而外在动机越强，员工的利用行为会受到抑制。因此，有如下结论。

结论 4：利用行为受由工匠精神引起的内在动机和外在动机的双重影响。内在动机正向影响利用行为，即内在动机越强烈，员工越倾向于采取利用行为；外在动机负向影响利用行为，即外在动机越强烈，员工越倾向于抑制利用行为。

（4）内在动机、外在动机与探索行为

内在动机对探索行为的影响显著，为 $0.53(p<0.01)$；外在动机对探索行为的影响不显著。也就是说，在工匠精神的影响下，内在动机越强，员工越愿意采取探索行为；而外在动机对员工的探索行为没有明显作用。因此，有如下结论。

结论 5：探索行为受由工匠精神引起的内在动机的正向影响，即内在动机会促进探索行为，内在动机越强烈，探索行为越频繁。

（5）工匠精神与利用行为、探索行为

工匠精神对内在动机有显著影响，另一方面内在动机又对利用行为和探索行为均有显著影响。通过前面的 Bootstrap 分析，我们发现内在动机在工匠精神与利用行为和探索行为之间均存在间接效应,虽然两种情况下的间接效应的显著性不同(前者在95%的置信区间下显著,后者在90%的置信区间下显著),但都在可接受的范围内。

另一方面,工匠精神通过外在动机对利用行为的间接影响不显著,而通过外在动机对探索行为的间接影响显著。

因此,有以下结论。

结论6:内在动机在工匠精神与利用行为之间具有显著的间接效应,工匠精神通过影响内在动机,进而正向影响利用行为,即工匠精神越强烈,由于内在动机受工匠精神影响,因此利用行为也会越频繁。

结论7:内在动机在工匠精神与探索行为之间具有显著的间接效应,工匠精神通过影响内在动机,进而正向影响探索行为,即工匠精神越强烈,由于内在动机受工匠精神影响,因此探索行为也会越频繁。

结论8:外在动机在工匠精神与探索行为之间具有显著的间接效应,工匠精神通过影响外在动机,进而正向影响探索行为,即工匠精神越强烈,由于外在动机受工匠精神影响,因此探索行为也会越频繁。

4.4.2 理论贡献与实践意义

本研究基于自我决定理论揭示了工匠精神对员工双元行为的影响,主要理论贡献与实践意义体现在以下几个方面。

首先,本研究揭示了工匠精神对员工双元行为的影响,为员工特质的研究做出了增量贡献[188]。针对员工特质的相关研究已经比较普遍,比如,有研究发现,责任心较强的员工更具有工作积极性,但在取得更高的工作绩效的同时容易陷入心理倦怠。再如,具有马基雅维利主义的员工在一定程度上更能取得职业成功,但同时也容易被同事排斥。本研究聚焦于工匠精神这一颇具中国特色的工作价值观,并揭示了其对员工双元行为的影响。本研究在一定程度上为员工特质的研究做出了增量贡献,同时也回应了学术界对于开展中国本土学术概念研究的呼吁[212]。

其次,本研究揭示了工匠精神的关键要素,凸显了内在动机在工匠精神影响机制中的重要作用。工匠精神作为员工一种相对稳定的工作价值观,其主要内核表现为员工内生的工作动力[213]。这种工作动力表现为员工一种自主性的、内向的工作追求。因此,具有工匠精神的员工更有可能在工作过程中追求工作细节、完善工作流程,而为了达到这一工作目标,他们会更加主动地开展利用行为与探索行为。

最后,本研究对企业推动员工主动性,促进员工双元行为具有指导意义[214]。员工的双元行为不仅对员工绩效具有积极作用,还对团队发展与创新均具有重要意义。因此,如何有效推动员工双元行为尤其是探索行为一直以来都是一个颇具现实性的问题。本研究发现,工匠精神较高的员工在工作过程中会更加积极地进行双元行为。这启示管理者在需要选拔研发岗位、组建研发团队时可以优先选择工匠精神较高的员工[215]。与此同时,管理者也应该注意培育员工的工匠精神,进而推动员工积极性的提高。

第 5 章 目标导向视角下的工匠精神影响机制

员工的目标导向会对工作绩效产生重要影响。而工匠精神作为员工的一种工作价值取向,会通过影响员工的目标导向进而影响他们的工作绩效。本研究认为,具有工匠精神的员工在工作过程中会有较高的学习目标导向与挑战掌握目标,进而取得更好的工作绩效。本章利用目标导向理论剖析工匠精神对员工工作绩效的影响机制。为此,首先基于目标导向理论建立理论模型,随后利用问卷数据进行假设检验,最后对研究发现进行总结与讨论。

5.1 目标导向理论概述

5.1.1 理论核心机制

目标导向理论是激励理论的主流理论之一,它侧重于关注个体的目标设定与目标完成的过程。该理论发源于目标设定理论,目标设定理论认为个体设定明确的、具有挑战性的目标能够更好地激发行动的积极主动性,从而取得更好的成绩(如学习成绩、工作绩效等)[216]。相似的研究则表明目标难度与绩效之间的关系受诸多因素的调节,比如个人能力、任务复杂性、反馈与情景约束[217-219]。而员工的人格则影响设定目标的偏好,研究发现目标的挑战性是激发人格的情境线索,而目标设定行为是人格在工作场所中的表现,进而直接影响员工的工作行为与工作满意度。

目标设定理论确定了目标设定的重要性,却没能很好地回答为什么同样的目标设定行为会导致不同的结果。来自教育心理学的研究发现,学生通常有两种目标设定方式,即关注学习过程的学习目标导向与关注成绩的成绩目标导向。研究者发现,相对于以成绩目标为导向的学生,以学习目标为导向的学生更加具有学习主动性,且能够取得更好的学习成绩[220]。后续研究基于这一成果继续深化了目标导向理论,并将个体的目标导向分为学习目标导向、绩效证明目标导向与绩效回避目标导向。学习目标导向是指个体将目标设置为关注自身发展的过程且不断改进的目标;绩效证明目标导向是指个体偏好目标的挑战性并将目标实现作为证明自己的手段;绩效规避目标导向是指个体偏好将完成目标作为行动目标,且以完成任务目标作为行动的终点。研究表明具有不同目标导向的个体之间行为差异较大,且对行动结果产生不同的影响。总的来看,以学习目标为导向的个体更加关注自我完善的过程,而以绩效证明目标为导向与以绩效回避目标为导向的个体则更加关注最终的结果。诸多研究表明,仅以绩效目标为导向的个体仅仅满足于目标完成的黑箱,缺乏对自己的反思,他们短期内获得的成功往往难以持续[221]。而以学习目标为导向的个体则往往能够取得更加长足的进步。总而言之,目标导向理论强调了目标重要性的同时,进一步强调了目标设置方式的重要性。这启示我们在工作与生活中,关注过程很有可能会比关注结果有更好的结局。

5.1.2 理论发展及其在工作场所研究中的应用

目标导向理论作为个体行动的重要理论,在诸多研究议题中均得到了应用。本节将首先回顾目标导向理论在已有文献中的应用情况,随后再梳理该理论在工作场所研究中的应用。为此,我们在 Web of Science 的 SSCI 数据库中以"goal orientation"为关键词进行检索,最终得到 2 432 篇文献。本研究利用 VOSviewer 对文献关键词进行分析,绘制了目标导向理论的文献图谱(见图 5.1)。

由图 5.1 可知,目标导向理论作为从个体目标角度解释个体行为的关键理论,主要在以下三个领域得到应用。首先,该理论在职业生涯研究中应用于揭示求职者的求职能力、求职行为的心理机制。有研究发现,学习导向较高的员工求职能力增长较快,具有更高的职业生涯适应力,同时也能在人才市场中脱颖而出进而获得更多的就业机会[222, 223]。其次,目标导向理论被广泛应用于教育心理学。研究者们通过对学生学习态度与学习热情追踪发现,具有目标回避导向的学生往往在学习过程中更加消极,他们缺乏足够的学习热情进行探索,也由此导致这类学生往往成绩不佳[224, 225]。最后,目标导向理论被运用于工作场所研究中,常见于工作设计、员工行为与团队发展等研究议题中。

目标导向理论强调个体或者团队目标对自身行为与绩效的影响,因此常见于个体与团队情境的组织行为研究中(见图 5.2)。回顾目标导向方面的已有文献,其研究阶段大致可以分为三个。

第 5 章 目标导向视角下的工匠精神影响机制

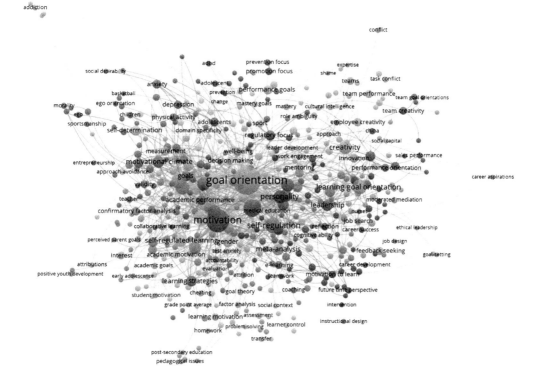

图 5.1 目标导向理论文献图谱

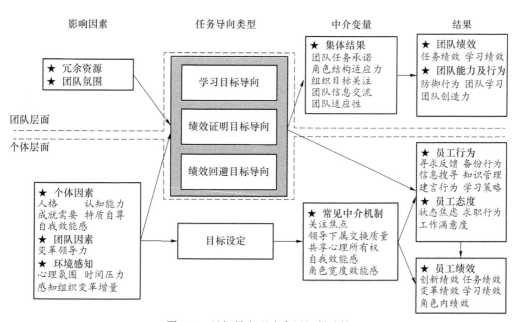

图 5.2 目标导向理论常用机制总结

首先,早期研究将注意力放在了目标导向理论的验证与完善问题上。经过多项实证研究表明,目标设置能够提高员工的绩效,而一个明确具体的任务目标相较于"做最好的自己"这种模糊的目标则能起到更好的作用。但在目标导向的三种分类逐渐明晰后,研究者发现不同目标导向的员工对于寻求反馈的态度截然相反。学习目标导向较高的员工出于自我提升的需要,更加习惯寻求领导与同事的反馈进而发现自己的不足,从而提高个人能力[226]。而具有绩效证明目标导向与绩效回避目标导向的员工则对寻求反馈缺乏热情,甚至会因为担心自己绩效证明的目标被否定而回避他人的反馈。在任务导向产生的原因上,当时的学者普遍认为是个人的特质导致了员工目标导向的差异。例如,成就需求更高的员工会展现出更高的学习目标导向与较低的绩效回避目标导向[227]。总之,这一时期的研究主要以理论假设的验证与初步探索为基调,为后续理论发展奠定了基础。

接着,目标导向理论便进入了机制研究阶段。这一阶段的主要任务在于破解目标导向能够影响员工行为与绩效的黑箱。此时研究者们关注的绩效类型逐渐丰富起来,除了最开始的任务绩效,还包括创新绩效、变革绩效、学习绩效与角色内绩效[228]。当然,这也暗示着组织管理研究的对象逐渐多元化。在对任务目标导向作用机制的解释上,除了传统的人际关系视角(如领导下属交换质量)、资源视角(自我效能感)、身份视角(如共享心理所有权)等经典视角外,目标导向理论同时更加偏好于行为视角[228]。研究者们偏好将员工行为作为解释机制,建立目标导向与员工绩效之间的关系。具体而言,学者们发现学习目标导向会提高员工的信息搜寻、知识管理、备份等主动性行为,这会使得这类员工能够更加充分地掌握信息与知识,提高自己的任务适应性,从而取得更高的绩效[225]。而与之相对的,具有绩效证明目标导向与绩效回避目标导向的员工在这一方面的表现则较差。总而言之,这一阶段的研究从各个角度剖析了目标导向对员工绩效的作用机制,使得目标导向在个体层面的黑箱基本被打开。

最后,随着学者们对目标导向研究的深入,近年来目标导向理论又出现了新的研究趋势,具体而言,有以下几个方面。第一,对员工目标导向的研究更加情境化。他们普遍不再认为员工目标导向是一种固有特质,而是将其视为员工对情境的心理反应。在这种观点下,诸多因素都会对员工的目标导向产生影响。比如,研究发现变革型领导力、时间压力、感知组织变革等情境条件都会成为员工目标导向转变的激发条件,从而产生不同的行为后果[229, 230]。第二,研究者们开始将个体层次的目标导向研究转变为团队层次的研究。在论证了团队层次目标导向的管理现象与理论基础后,学者们开始研究团队整体的目标导向及其工作后果。研究表明,团队目标导向会通过团队任务承诺、角色结构适应力、组织目标关注与团队信息交流等集体结果影响团队的绩效、能力及行为[231-233]。第三,这一议题的研究表现出团队、个体两个层次融合的研究取向。学者们一方面基于涌现理论揭示个体目标导向升格为团队目标导向的过程,另一方面又揭示团队目标导向对团队绩效与员工行为的作用。例如,有研究发现团队成员在知识分享行为上的目标导向可以涌现为团队的目标导向,并对团队绩效产生影响[234]。而由团队整体的目标导向制造的团队氛围,也会影响员工的工作主动性。综上来看,该议题新阶段的研究与管理衔接地更加紧密,在组织行为学研究中焕发出新的活力。

5.2 理论模型与假设发展

在回顾了目标导向理论的发展过程后,本小节基于目标导向理论剖析工匠精神各个维度对员工任务绩效的影响。

5.2.1 工匠精神对学习目标导向的影响

学习目标导向是指员工以自我完善与提高为目的的目标导向,以学习目标为导向的员工注重探究如何掌握任务,从而发展自己的能力,获得新的技能,并从经验中学习。本研究认为,工匠精神作为员工的稳定特质会影响员工的学习目标导向,主要原因表现在以下三个方面。首先,工匠精神表现为员工对工作细节的追求与自身技能的完善。这样的员工非常注意工作过程中的自我反思与经验总结,从而通过这些过程提高自身的技能[235]。而这一价值取向与员工的学习目标导向不谋而合,即认为要通过实践不断提升自我,从而取得更好的工作结果。其次,具有工匠精神的员工更加关注工作过程。工匠精神具有典型的过程导向特质,这使得具有工匠精神的员工非常享受工作的过程,并从中获得较高的成就感[236]。而学习目标导向正是具有这样一个目标设置倾向,它通常表现为员工对工作过程的关注并从中获得持续性的动力。最后,具有工匠精神的员工较少关注短期的绩效目标。具有工匠精神的员工很难被外部激励所打动,同时也较少关注自身的绩效目标评价。因此,工匠精神较高的员工具有较低的绩效证明目标导向与绩效回避目标导向,而具有较高的学习目标导向。

工匠精神包含精益求精、笃定执着、责任担当、个人成长与珍视声誉五个维度,这五个维度对员工学习目标导向的影响存在些许差异。具体而言,精益求精的员工追求工作细节的完美与自身技艺的提高,因此会更加注重工作完善的过程,反而对工作结果本身的关注度会相对较低[237]。因此,精益求精会促进员工的学习目标导向。笃定执着表现为员工的坚持与韧性,这种特质也是员工本身内生的过程导向特质,因此笃定执着的员工会表现出更强的学习目标导向。责任导向意味着员工愿意主动承担工作责任,而非单纯的工作结果取向。员工主动承担责任意味着他愿意面对工作过程中的困境,从而不断克服工作中的难题,提高自己的工作能力。而员工的个人成长则意味着员工追求自身在各方面的成长,并且享受自己在工作中的成长过程[238]。因此,个人成长的价值取向很自然地与学习目标导向一致,注重个人成长的员工具有较高的学习目标导向。最后,珍视声誉意味着员工同时还会关注自身的社会评价,属于关注结果的个体特质[239]。因此,珍视声誉可能会使得员工更加注重工作结果(例如领导的评价),从而降低了自身的学习目标导向。

综上所述,本研究提出以下假设:

假设5.1a:精益求精与学习目标导向存在正向关系。

假设5.1b:笃定执着与学习目标导向存在正向关系。

假设5.1c:责任担当与学习目标导向存在正向关系。

假设5.1d:个人成长与学习目标导向存在正向关系。

假设5.1e:珍视声誉与学习目标导向存在负向关系。

5.2.2 工匠精神对挑战掌握目标的影响

挑战掌握目标是指员工将工作目标视为挑战并不断突破的倾向。本研究认为,员工的工匠精神会加大挑战掌握目标的倾向,主要原因有以下三点。首先,工匠精神暗含着员工挑战自我的成长导向。具有工匠精神的员工对工作过程非常执着,追求细节上的极致完美。因此,具有工匠精神的员工会将工作过程视为自己的挑战目标,并且一步步完善克服,在达到一个新的目标后,会将更高的工作质量作为自己新的起点,循环往复、不断前进[240]。其次,工匠精神是员工完成挑战性任务的个体资源。在员工完成挑战性任务时,可能会面临更多的困境,且这个过程需要消耗较多的个体资源。因此,只有某些积极特质突出的员工才会展现出更大的挑战掌握目标倾向。例如,有研究表明,富有责任心与主动性人格的员工具有更大的挑战掌握目标倾向。而工匠精神也是一种能够为员工挑战性活动提供资源的个体特质,使得员工在这一过程中能够保持信心与耐心,不断实现突破。最后,具有工匠精神的员工能够很好地应对任务挑战的压力。个体在将目标导向设置为挑战掌握目标时,便面临着自身压力的增长。这种压力的存在使得员工产生持续性的自我损耗,进而使得挑战掌握目标的导向难以维持[241]。在这样的背景下,具有工匠精神的员工能够具有更好的抗压能力,从而具备更高的挑战掌握目标水平。

工匠精神包含的五个维度(精益求精、笃定执着、责任担当、个人成长与珍视声誉)对员工挑战掌握目标的影响存在些许差异。具体而言,精益求精意味着员工对自身工作质量近乎苛刻的要求,因此员工往往将工作质量视为自己的挑战,进而主动地围绕这一目标投入时间与精力[242]。笃定执着意味着员工在工作过程中能够坚持不懈,这种品质能够为员工的挑战掌握目标提供个体资源,进而更加主动地将工作过程视为挑战,不断进行超越。具有责任担当的员工具有更强的责任心,诸多研究表明责任心也是员工应对工作挑战、提高工作质量的关键性资源,因此具有责任担当的员工更加倾向于挑战掌握目标[243]。注重个人成长的员工注重个人成长的员工通常将工作过程视为自身成长的机会,因此会表现出更高的挑战掌握目标水平。珍视声誉意味着员工更加享受来自社会外部因素的影响,比如顾客的称赞、领导的表扬等。这便意味着员工可能会更加满足已有的名誉而不希望社会声望受到挫伤,因此会采取更加保守的姿态面对工作目标的设定,即员工的珍视声誉会降低挑战掌握目标的水平。

综上所述,本研究提出以下假设:

假设5.2a:精益求精与挑战掌握目标存在正向关系。

假设5.2b:笃定执着与挑战掌握目标存在正向关系。

假设5.2c:责任担当与挑战掌握目标存在正向关系。

假设5.2d:个人成长与挑战掌握目标存在正向关系。

假设5.2e:珍视声誉与挑战掌握目标存在负向关系。

5.2.3 学习目标导向对员工任务绩效的影响

诸多研究表明,学习目标导向会提高员工的任务绩效。具体而言,有以下三点理由。首先,具有学习目标导向的员工会以更高的知识水平与技能完成工作任务。在员工工作过程中,经常会面临比较复杂的工作任务。这些任务的解决有赖于员工较高的知识水平与专业技能,因此具有较高知识储备的员工能够更加从容地应对复杂工作任务,从而取得更高的工作绩效[11]。其次,具有学习目标导向的员工会将更多的精力运用于工作中。对于以学习目标为导向的员工而言,他们愿意将更多的时间与精力投入工作,从而享受自身工作进步的快乐。与此同时,他们不会将自身的注意力过多地浪费在已经能够达到的目标上,这使得他们在工作过程中能够更上一层楼。最后,已有研究表明,具有学习目标导向的员工通常具有更强的学习能力[244]。学习能力的提高使得员工能够在复杂多变的工作环境中不断掌握新技能,从而取得更高的任务性绩效。学习目标导向会提高员工的任务绩效,但对任务绩效各个方面的影响存在细微差异。第一,学习目标导向的员工具有自身的驱动力,这种内生的驱动力会驱使着员工积极行动,进而表现出更高的任务主动性。第二,学习目标导向的员工具有较强的适应能力,因此能够在更加复杂的工作环境中表现出更高的任务适应性。第三,具有学习目标导向的员工具有更加娴熟的工作技艺,因此对工作任务更加精通。

综上所述,本研究提出以下假设:

假设 5.3a:学习目标导向与任务主动性存在正向关系。

假设 5.3b:学习目标导向与任务适应性存在正向关系。

假设 5.3c:学习目标导向与任务精通性存在正向关系。

5.2.4 挑战掌握目标对员工任务绩效的影响

已有研究者指出,挑战掌握目标会促进任务绩效。具体而言,有以下几点理由。首先,挑战掌握目标较高的员工具有更强的自我效能感,从而能够满足工作需要。员工的工作过程通常需要消耗自身大量的资源,而自我效能感正是其中的一种表现形式。更加偏好挑战掌握目标的员工通常将工作过程视为挑战并不断超越,这表明员工在工作过程中充满自信心进而产生较好的工作结果。其次,挑战掌握目标较高的员工能够很好地应对工作压力环境,从而在工作过程中取得更高的绩效。员工在工作过程中,通常会面临工作任务、领导与同事乃至家庭的压力[245]。在这种背景下,挑战掌握目标的员工通常能够将压力视为自身的工作挑战,在工作岗位上表现出更加积极乐观的工作态度,进而取得更高的工作绩效。最后,员工的挑战掌握目标会促使员工更加积极主动地学习知识、提高技能,从而适应工作任务的需要。在员工将工作过程视为挑战性目标时,他们便会对自己提出更高的工作要求,并不断提高自己,进而胜任工作。因此,本研究认为挑战掌握目标会提高员工的任务角色绩效,但对各个维度的影响存在细微的差别。具体而言,具有挑战掌握目标的员工通常表现出更加积极主动的工作态度,因此具有较强的任务主动性[246]。同时,挑战掌握目标的员工能够更加适应工作环境,表现出更强的任务适应性。最后,挑战掌握目标的员工能在不断自我挑战的过程中提高自己的技能,从而能够熟练掌握工作所需的技能,具有更好的任务精通性。

综上所述,本研究提出以下假设:

假设 5.4a:挑战掌握目标与任务主动性存在正向关系。

假设 5.4b:挑战掌握目标与任务适应性存在正向关系。

假设 5.4c:挑战掌握目标与任务精通性存在正向关系。

基于本章假设提出目标导向视角下工匠精神影响机制理论模型,如图5.3所示。

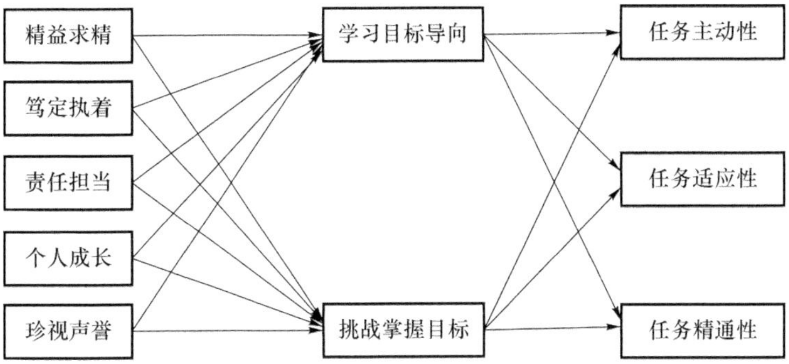

图 5.3 目标导向视角下工匠精神影响机制理论模型

5.3 数据分析结果

5.3.1 描述性统计

本研究收回的209份有效问卷中,被调查者年龄主要集中在21到38周岁,占比为73.4%,39到45周岁的占16.4%,46到50周岁的6.2%,51到56周岁的占4.0%。被调查者的工作年限在15年及以下的占比为56.5%,16年到20年占的24.3%,21年到25年的占13.0%,26年到30年的3.9%,30年以上的占2.3%。被调查者当前工作的任职期限在5年以下的占52.0%,6年到10年占36.1%,11年以上的占11.9%。

表5.1统计了参与假设检验的各变量(因子)及其测量项的均值、标准差。

表 5.1 变量及其测量项的描述性统计

变量名	均值	标准差	变量名	均值	标准差
工匠精神	4.19	0.38	学习目标定向	4.21	0.46
个人成长	4.21	0.47	D1	4.36	0.57
C1	4.23	0.56	D2	4.14	0.64
C2	4.18	0.60	D3	4.23	0.62
C3	4.26	0.56	D4	4.15	0.60
C4	4.17	0.59	D5	4.15	0.64

变量名	均值	标准差	变量名	均值	标准差
责任担当	4.49	0.45	挑战掌握目标	3.87	0.55
C5	4.43	0.55	H1	3.88	0.65
C6	4.51	0.52	H2	3.90	0.63
C7	4.48	0.56	H3	3.89	0.65
C8	4.53	0.54	H4	3.80	0.72
笃定执着	3.81	0.62	任务主动性	3.55	0.71
C9	3.97	0.77	M1	3.56	0.77
C10	3.57	0.99	M2	3.57	0.78
C11	3.75	0.80	M3	3.53	0.78
C12	3.95	0.81	任务适应性	3.65	0.61
精益求精	4.25	0.47	L1	3.72	0.65
C13	4.34	0.61	L2	3.70	0.72
C14	4.38	0.54	L3	3.53	0.69
C15	4.21	0.63	任务精通性	3.86	0.57
C16	4.02	0.65	K1	3.87	0.72
珍视声誉	4.19	0.52	K2	3.88	0.59
C17	4.27	0.67	K3	3.83	0.69
C18	4.32	0.59	工作年限	14.23	7.86
C19	3.79	0.85	任职期限	5.40	3.46
C20	4.37	0.67			
年龄	36	6.85			
性别	1.18	0.38			
教育水平	1.31	0.52			

5.3.2 信度检验

分别分析参与假设检验的所有变量的研究量表测量项的克隆巴赫 α 系数,结果如表5.2所示。

表中各变量的系数值均大于0.7,这表明研究量表的信度均可被接受,且一致性和可靠性较强。其中:考查工匠精神的五个维度的系数分别为0.82、0.85、0.71、0.77、0.73;这五个维度在共同考查工匠精神时,信度系数为0.81,达到高信度;另外,学习目标导向、挑战掌握目标、任务主动性、任务适应性、任务精通性的信度系数分别为0.81、0.85、0.91、0.87、0.83,均达到较高信度。

表5.2 克隆巴赫α信度分析

变量	α系数	变量	α系数
工匠精神	0.81	学习目标导向	0.81
个人成长	0.82	挑战掌握目标	0.85
责任担当	0.85	任务主动性	0.91
笃定执着	0.71	任务适应性	0.87
精益求精	0.77	任务精通性	0.83
珍视声誉	0.73		

5.3.3 效度检验

利用Amos23.0,根据前文提出的理论模型构建结构方程模型,并进行验证性因子分析,整体拟合系数结果如表5.3所示。

表5.3 整体拟合系数

卡方值	自由度	卡方自由度比值	TLI	CFI	RMSEA
926.14	620	1.49	0.90	0.91	0.06

模型的卡方自由度比值为1.49,小于3;TLI、CFI等指标均在0.9左右,说明模型与数据高度拟合;RMSEA为0.06,小于0.10。所以总体而言,卡方自由度比值、RMSEA这两个较为重要的指标远小于标准边界,TLI和CFI等指标均达到较高水平,该模型的拟合结果较好。

(1) **聚合效度分析** 在验证了模型的拟合效度达标之后,需要对研究量表进行聚合效度分析,检验模型中因子的测量项的聚合程度,即检验划入该因子的测量项是否能够准确地考查该因子。

分析参与假设检验的各因子的量表测量项后,聚合效度分析的结果如表5.4所示。其中:个人成长(AVE=0.53,CR=0.81)、责任担当(AVE=0.57,CR=0.84)、任务适应性(AVE=0.72,CR=0.88)、挑战掌握目标(AVE=0.59,CR=0.85)聚合效度较好,AVE指标均在0.50以上且CR指标均大于0.70;精益求精(AVE=0.48,CR=0.78)、珍视声誉(AVE=0.44,CR=0.76)、笃定执着(AVE=0.41,CR=0.73)、学习目标导向(AVE=0.46,CR=0.81)、任务主动性(AVE=0.48,CR=0.70)的AVE均在0.40以上,CR均大于0.70,所以聚合效度均可被接受;任务精通性(AVE=

0.32,CR=0.58)的 AVE、CR 值较低,说明该因子在聚合效度上表现得不够好,对结果有一定程度的影响但对模型的整体影响有限。分析结果表明,本研究的量表数据具有足够的聚合效度。

表 5.4 模型标准载荷系数、AVE 和 CR 指标结果

变量名	测量项	标准载荷系数	AVE	CR	变量名	测量项	标准载荷系数	AVE	CR
个人成长	C1	0.75	0.53	0.81	精益求精	C13	0.71	0.48	0.78
	C2	0.80				C14	0.74		
	C3	0.66				C15	0.70		
	C4	0.68				C16	0.60		
责任担当	C5	0.75	0.57	0.84	珍视声誉	C17	0.70	0.44	0.76
	C6	0.77				C18	0.76		
	C7	0.78				C19	0.54		
	C8	0.73				C20	0.63		
笃定执着	C9	0.43	0.41	0.73	学习目标导向	D1	0.73	0.46	0.81
	C10	0.72				D2	0.61		
	C11	0.67				D3	0.81		
	C12	0.66				D4	0.64		
任务主动性	M1	0.65	0.48	0.70		D5	0.58		
	M2	0.34			挑战掌握目标	H1	0.71	0.59	0.85
	M3	0.95				H2	0.82		
任务适应性	L1	0.90	0.72	0.88		H3	0.78		
	L2	0.85				H4	0.76		
	L3	0.79							
任务精通性	K1	0.51	0.32	0.58					
	K2	0.49							
	K3	0.67							

(2) 区分效度分析 将聚合效度分析中的 AVE 值的平方根与因子的相关系数组成矩阵,如表 5.5 所示,将各因子的 AVE 根值排列在矩阵的对角线上。其中:个人成长的 AVE 根值为 0.73,大于其与任何因子之间的相关系数;责任担当的 AVE 根值为 0.75,同样大于其与任何因子之间的相关系数。类似地,可以发现表中大部分因子的 AVE 根值均大于其与别的因子之间的相关系数。但是任务精通性的区分效度表现得较差,容易与任务适应性和任务主动性混淆,这可能与前文提到的其聚合效度表现较

差的情况有关。另外,任务主动性与任务适应性之间的区分效度也表现不佳,但由于差距较小,这种偏差对结果的影响有限。

结果表明该模型具有足够的区分效度,虽然个别因子的区分效度不佳,但我们认为这对结果的影响尚在可被接受的范围内。

表 5.5 区分效度:Pearson 相关与 AVE 根值

变量	变量									
	个人成长	责任担当	笃定执着	精益求精	珍视声誉	学习目标导向	挑战掌握目标	任务精通性	任务适应性	任务主动性
个人成长	0.73									
责任担当	0.60	0.75								
笃定执着	0.35	0.34	0.64							
精益求精	0.58	0.66	0.50	0.69						
珍视声誉	0.39	0.42	0.47	0.52	0.66					
学习目标导向	0.49	0.43	0.35	0.53	0.40	0.68				
挑战掌握目标	0.38	0.29	0.41	0.46	0.38	0.54	0.77			
任务精通性	0.15	0.18	0.11	0.10	−0.01	0.10	−0.08	0.56		
任务适应性	0.06	0.03	0.14	0.05	0.07	0.06	−0.11	0.76	0.85	
任务主动性	0.07	0.15	0.18	0.15	0.11	0.14	−0.01	0.72	0.74	0.70

注:对角线上为各变量的 AVE 根值。

5.3.4 共同方法偏差检验

本研究采用自我报告数据,因此可能存在共同方法偏差问题,所以在根据研究结果进一步得出结论前,有必要检验数据是否存在共同方法偏差。

为初步判断数据的共同方法偏差情况是否严重,对收集的数据采用 Harman 单因子检验进行共同方法偏差的检验,表 5.6 列出了未旋转的探索性因子分析结果中特征根大于 1 的因子。

通常认为若在 Harman 单因子检验中,存在不止一个因子的特征根大于 1,且其中最大的因子方差解释度低于 40%,则认为样本中不存在严重的共同方法偏差。表 5.6 中特征根大于 1 的因子数量为 8,其中最大的因子方差解释度为 25.35%,低于常用的临界标准 40%,初步认为本样本中不存在严重的共同方法偏差。

接下来采用在原模型中加入共同方法因子的验证性因子分析,旨在观察共同方法因子在模型中的作用强度,并进一步分析研究量表数据的准确性。

表 5.6 共同方法偏差检验:总方差解释

成分	初始特征值		
	总计	方差百分比(%)	累积(%)
1	9.63	25.35	25.35
2	5.99	15.77	41.12
3	2.63	6.92	48.03
4	1.86	4.89	52.93
5	1.67	4.38	57.31
6	1.45	3.82	61.13
7	1.21	3.18	64.31
8	1.09	2.88	67.18

研究中设不含共同方法因子的模型为模型1;设加入共同方法因子的模型为模型2,并分别分析二者的拟合指标,结果如表5.7所示。

表 5.7 共同方法偏差检验:模型拟合系数

		卡方值	自由度	卡方自由度比值	TLI	CFI	RMSEA
模型 1	不含共同方法因子	926.14	620	1.49	0.90	0.91	0.06
模型 2	含共同方法因子	925.88	583	1.59	0.87	0.90	0.05

结果显示:模型1中的卡方自由度比值为1.49,模型2中的卡方自由度比值为1.59,加入共同方法因子后,卡方自由度比值上升0.1,模型没有变得更好;模型1的TLI为0.90,模型2的TLI为0.87,加入共同方法因子后,TLI减小了0.03,变化较小;模型1的CFI为0.91,模型2的CFI为0.90,加入共同方法因子后,CFI没有明显变化;模型1的RMSEA为0.06,模型2的RMSEA为0.05,加入共同方法因子后RMSEA的变化为0.01,远小于标准的0.05。总体看来,加入共同方法因子后,模型的拟合指标没有得到显著提升,说明相对于原模型,共同方法因子不能显著地改善模型。这也表明数据中的共同方法偏差对拟合结果的影响不显著。

综上,所收集的数据不存在显著的共同方法偏差。在共同方法偏差影响不显著的情况下得到的结论是可以被接受的。

5.3.5 相关性分析

根据收集到的数据,各变量的相关系数如表5.8所示。学习目标导向与个人成长

($r=0.49$,$p<0.01$)、责任担当($r=0.43$,$p<0.01$)、笃定执着($r=0.35$,$p<0.01$)、精益求精($r=0.53$,$p<0.01$)、珍视声誉($r=0.40$,$p<0.01$)均显著正相关,说明在变量两两之间的相关性检验中,工匠精神的内涵与员工的学习目标导向正相关,员工对知识和能力的渴望程度分别与这五个内涵有正向关系。然而,学习目标导向与任务熟练性、任务适应性和任务主动性均不存在显著相关。这说明从结果来看,员工的学习目标导向与对任务的处理能力没有明显的关系。

同样的,挑战掌握目标与工匠精神的五个维度的相关性均显著,与个人成长($r=0.38$,$p<0.01$)、责任担当($r=0.29$,$p<0.01$)、笃定执着($r=0.41$,$p<0.01$)、精益求精($r=0.46$,$p<0.01$)、珍视声誉($r=0.38$,$p<0.01$)均呈明显的正相关。挑战掌握目标指的是员工在工作过程中对工作挑战的期望程度。具备较高的挑战掌握目标的员工往往倾向于主动或者发自内心地选择具有挑战性的工作任务,注重挑战带来的价值并从中吸取经验、提升职业能力。上述结果说明工匠精神总体上与员工对工作挑战的态度密切相关,拥有工匠精神的员工往往也是追求工作挑战的人。

除此之外,无论是学习目标导向还是挑战掌握目标,它们与任务精通性、任务适应性和任务主动性均不存在显著的相关关系。但再次强调,变量两两之间的相关性显著与否仍不能判断变量之间的影响是否显著。在多个变量共同作用下,经常会出现影响显著的两个变量由于其他变量的介入而在结果上出现相关性不显著的情况。以本研究为例,如果学习目标导向和挑战掌握目标对任务精通性、任务适应性和任务主动性的作用方向相反,二者的影响效果就有可能互相抵消而导致最终结果的相关性不显著。因此,虽然变量之间的两两相关性检验可以作为初步判断变量间关系的依据,但还需要进一步研究它们之间的作用过程。

表5.8 相关性分析

变量	变量									
	个人成长	责任担当	笃定执着	精益求精	珍视声誉	学习目标导向	挑战掌握目标	任务精通性	任务适应性	任务主动性
个人成长	1									
责任担当	0.60***	1								
笃定执着	0.35***	0.34***	1							
精益求精	0.58***	0.66***	0.50***	1						
珍视声誉	0.39***	0.42***	0.47***	0.52***	1					
学习目标导向	0.49***	0.43***	0.35***	0.53***	0.40***	1				
挑战掌握目标	0.38***	0.29***	0.41***	0.46***	0.38***	0.54***	1			

续表

变量	个人成长	责任担当	笃定执着	精益求精	珍视声誉	学习目标导向	挑战掌握目标	任务精通性	任务适应性	任务主动性
任务精通性	0.15*	0.18**	0.11	0.10	−0.01	0.10	−0.08	1		
任务适应性	0.06	0.03	0.14	0.05	0.07	0.06	−0.11	0.76***	1	
任务主动性	0.07	0.15*	0.18**	0.15*	0.11	0.14	−0.01	0.72***	0.74***	1

注：*** 表示在 0.01 级别（双尾）相关性显著；** 表示在 0.05 级别（双尾）相关性显著；* 表示在 0.10 级别（双尾）相关性显著。

5.3.6 结构方程模型分析

通过构建结构方程模型，可以计算出各变量之间的路径系数，进一步厘清变量互相作用的过程。

将参与假设检验的十个变量（精益求精、笃定执着、责任担当、个人成长、珍视声誉、学习目标导向、挑战掌握目标、任务主动性、任务适应性、任务精通性）构建结构方程模型，并计算路径系数。最终，标准化路径系数如图5.4所示。

图5.4中，工匠精神的部分内涵对学习目标导向、挑战掌握目标存在显著的影响。其中，个人成长对学习目标导向的影响系数为0.34（$p<0.01$），这说明拥有工匠精神的人在工作学习、提升职业能力、实现自我成长的过程中，会对知识和技能的掌握提出更高的要求并期望从工作中吸取更多的经验。对学习目标导向产生显著影响的还包括精益求精，其对学习目标导向的影响系数为0.53（$p<0.05$），这说明精益求精会正向影响学习目标导向，即员工对工作质量的要求越严苛，越强调在工作中吸取经验。

责任担当对挑战掌握目标具有显著影响，影响系数为−0.37（$p<0.10$）。这可能是由于员工对工作的责任感越强，就越保守并越倾向于规避工作中的挑战。另一方面，精益求精对挑战掌握目标的影响也较为显著，影响系数为0.46（$p<0.10$），这说明由于对工作质量的极致追求，员工更愿意挑战高难度工作，以寻求进一步突破。

学习目标导向会正向影响任务主动性，其对任务主动性的影响系数为0.30（$p<0.05$），即员工在工作中学习的期望越强，工作也就越积极。学习目标导向也会正向影响任务适应性，影响系数为0.28（$p<0.05$），即在学习目标的驱使下，员工更能灵活适应工作中的变化。学习目标定向还对任务精通性有正向影响，影响系数为0.36（$p<0.05$），可见，当员工在工作中的学习目标越高，他们越能够熟练掌握工作技能。

挑战掌握目标对任务主动性有负向影响，但是这种影响并不明显。挑战掌握目标

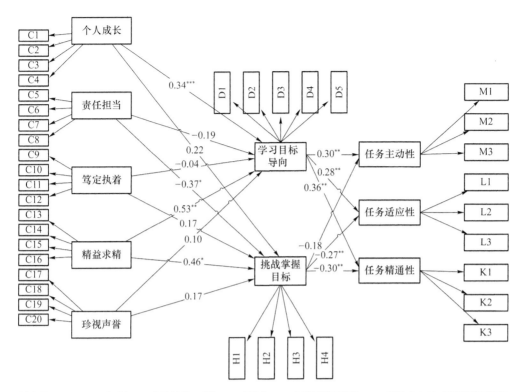

样本量(N)=207；* 表示在0.1水平显著(双尾)；** 表示在0.05水平显著(双尾)；*** 表示在0.01水平显著(双尾)

图5.4 结构方程模型结果(工匠精神分五个维度)

对任务适应性有明显的负向影响，影响系数为 -0.27($p<0.05$)，说明员工越倾向于挑战高难度工作，对工作的适应就越力不从心。挑战掌握目标对任务精通性具有明显的负向影响，影响系数为 -0.30($p<0.05$)，这可能是由于工作中的挑战难度影响了员工对工作的熟练程度。

为了观察工匠精神对学习目标导向、挑战掌握目标的整体影响，将精益求精、笃定执着、责任担当、个人成长、珍视声誉的简单平均值作为考查工匠精神的指标(见图5.5)。根据信度分析，该过程中的克隆巴赫 α 系数值为0.81，所以认为它们的均值能较好地反映工匠精神。

如图5.5所示，通过构建结构方程模型，可以看到工匠精神对学习目标导向和挑战掌握目标均有显著的正向影响，影响系数分别为0.69($p<0.01$)和0.56($p<0.01$)。

另外，将工匠精神的综合指标作为因子构建结构方程模型后，除了工匠精神对学习目标导向和挑战掌握目标的影响发生了变化，其他部分的变化很小。从图5.5中可看出，学习目标导向和挑战掌握目标对任务主动性、任务精通性和任务适应性的影响

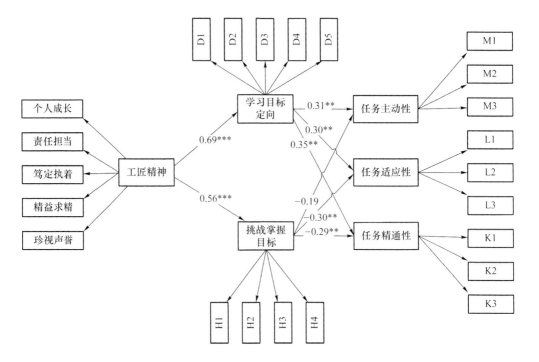

样本量(N)=207;* 表示在 0.1 水平显著(双尾);** 表示在 0.05 水平显著(双尾);*** 表示在 0.01 水平显著(双尾)

图 5.5 结构方程模型结果(工匠精神单一维度)

没有发生显著变化,影响系数变化都在 0.01 到 0.03 之间。所以,该模型和之前构建的模型相似,构建过程中不存在严重的偏差。

进一步分析该模型的拟合系数,如表 5.9 所示。模型的卡方自由度比值 CMIN/DF 为 1.46,小于 3,另外 TLI、CFI 等拟合数据均大于 0.90,RMSEA 为 0.05,小于 0.10,可以认为该模型拟合效果较好,结果较可信。

表 5.9 模型拟合系数

卡方值	自由度	卡方自由度比值	TLI	CFI	RMSEA
313.29	215	1.46	0.95	0.95	0.05

综上所述,工匠精神对学习目标导向和挑战自我目标既有正向影响也有负向影响,且总体看来正向影响远大于负向影响。另外,学习目标定向对任务主动性、任务适应性、任务精通性主要起正向作用,挑战掌握目标对任务主动性、任务适应性、任务精通性主要起负向作用。

5.3.7 间接效应检验

为了更深入地探究在目标导向视角下,工匠精神对任务主动性、任务适应性、任务精通性的作用过程,接下来采用Bootstrap分析(20 000次取样)检验单条路径所产生的间接效应。

表5.10 95%置信区间下间接效应显著性检验的Bootstrap分析

路径	标准化中介效应值	95%置信区间	
		下限	上限
工匠精神→学习目标导向→任务精通性	0.097	−0.128	0.348
工匠精神→挑战掌握目标→任务精通性	−0.103	−0.277	−0.014
间接效应	−0.081	−0.260	0.113
直接效应	0.294	−0.042	0.631
工匠精神→学习目标导向→任务适应性	0.082	−0.195	0.367
工匠精神→挑战掌握目标→任务适应性	−0.112	−0.302	−0.014
间接效应	−0.112	−0.373	0.123
直接效应	0.272	−0.086	0.631
工匠精神→学习目标导向→任务主动性	0.122	−0.192	0.428
工匠精神→挑战掌握目标→任务主动性	−0.091	−0.284	0.007
间接效应	−0.037	−0.322	0.233
直接效应	0.373	−0.046	0.791

从表5.10可知,工匠精神通过挑战掌握目标影响任务精通性,挑战掌握目标在工匠精神与任务精通性之间的间接效应显著,但是工匠精神通过学习目标导向对任务精通性的间接影响不显著。

另外,工匠精神通过挑战掌握目标影响任务适应性,挑战掌握目标在工匠精神与任务适应性之间的间接效应显著,但是工匠精神通过学习目标导向对任务适应性的间接影响不显著。所以,我们认为工匠精神主要影响挑战掌握目标,进而对工作绩效产生影响。

值得注意的是,虽然学习目标导向和挑战掌握目标在工匠精神与任务主动性之间的间接效应均不显著,但是在"工匠精神→挑战掌握目标→任务主动性"路径中,间接效应的95%置信区间的上限(0.007)逼近0,所以有理由认为这种间接效应在90%置信区间下是显著的,有必要再次验证。

对该路径进行90%置信区间下的Bootstrap分析,结果如表5.11所示。

表5.11　90%置信区间下间接效应显著性检验的Bootstrap分析

路径	标准化间接效应值	90%置信区间	
		下限	上限
工匠精神→挑战掌握目标→任务主动性	−0.091	−0.252	−0.007
直接效应	0.373	0.022	0.723

表5.11中,挑战掌握目标在工匠精神与任务主动性之间的间接效应在90%置信区间下显著。

5.4　结论与讨论

5.4.1　研究结论

根据前面的检验结果,本研究量表具有较好的信度和效度,因此认为研究模型中的因子测量是合理的,后续一系列分析的结果也是可信的。接下来,将从以下几个角度对研究结果展开讨论。

（1）个人成长、精益求精与学习目标导向

并非所有工匠精神的内涵对学习目标导向都有显著影响,其中个人成长和精益求精对学习目标导向的影响较为显著,相比之下,工匠精神的其他方面的影响不显著。

其中:工匠精神的个人成长能够促进员工的学习目标,对学习目标导向的影响系数为$0.34(p<0.01)$;精益求精对学习目标导向的影响系数为$0.53(p<0.05)$,对学习目标导向产生正向影响。因此,可以得出以下结论。

结论1:工匠精神作为多种价值观构成的系统,其五个内涵对学习目标导向的影响的显著性不尽相同。

结论2:在工匠精神中,个人成长会正向影响学习目标导向,即拥有工匠精神的人越重视个人成长,其工作中的学习动力就越充足;精益求精会正向影响学习目标导向,即拥有工匠精神的人越重视对工作的极致追求,其工作中的学习动力就越充足。

（2）工匠精神与学习目标导向、挑战掌握目标

从总体来看,工匠精神对学习目标定向、挑战掌握目标均存在显著的正向影响,影

响系数分别为 0.69（$p<0.01$）、0.56（$p<0.01$）。因此，有以下结论。

结论 3：工匠精神对学习目标导向有显著的正向影响，即工匠精神越强烈，员工在工作中的学习目标就越高；工匠精神对挑战掌握目标有显著的正向影响，即工匠精神越强烈，员工就越倾向于接受工作中的挑战。

（3）学习目标导向、挑战掌握目标与任务主动性

对比前面两个结构方程模型，学习目标导向和挑战掌握目标对任务主动性、任务适应性、任务精通性的影响系数和显著性在两个模型之间不存在显著变化，故以下数据参考第二个结构方程模型。学习目标导向对任务主动性的影响显著，系数为 0.31（$p<0.05$）；挑战掌握目标对任务主动性的影响不显著。也就是说，在工匠精神的影响下，随着学习目标的提升，员工对工作的主动性也会提升。

结论 4：任务主动性受学习目标导向的正向影响，即随着学习目标的提升，员工的工作主动性也会提升。

（4）学习目标导向、挑战掌握目标与任务适应性

学习目标导向、挑战掌握目标对任务适应性的影响均显著，系数分别为 0.30（$p<0.05$）、-0.30（$p<0.05$）。也就是说，对学习目标的要求越高，员工越容易快速适应工作；而员工对工作挑战的接受程度在这方面发挥着截然相反的作用。因此，有如下结论。

结论 5：任务适应性受学习目标导向的正向影响，即随着学习目标导向的提升，员工对工作的适应程度也会提升；任务适应性受挑战掌握目标的负向影响，即员工越倾向于接受工作中的挑战，员工对工作的适应程度就越低。

（5）学习目标定向、挑战掌握目标与任务精通性

学习目标定向、挑战掌握目标对任务精通性的影响均显著，系数分别为 0.35（$p<0.05$）、-0.29（$p<0.05$）。也就是说，对学习目标的要求越高，员工就越容易掌握工作技能；而员工对工作挑战的接受程度在这方面发挥着截然相反的作用。因此，有如下结论。

结论 6：任务精通性受学习目标导向的正向影响，即随着学习目标导向的提升，员工对工作的熟练程度也会提升；任务精通性受挑战掌握目标的负向影响，即员工越倾向于接受工作中的挑战，员工对工作的熟练程度就越低。

（6）工匠精神与任务主动性、任务适应性、任务精通性

通过前面的 Bootstrap 分析，我们发现挑战掌握目标在工匠精神与任务精通性、任务适应性、任务主动性之间均存在显著的间接效应。虽然各情况下间接效应的显著性不同（前二者在 95% 的置信区间下显著，后者在 90% 的置信区间下显著），但都在可接受的范围。因此，有以下结论。

结论 7：挑战掌握目标在工匠精神与任务主动性之间具有显著的负向间接效应，工匠精神通过影响挑战掌握目标，进而负向影响任务主动性，即工匠精神越强烈，由于挑战掌握目标受工匠精神影响，任务主动性就越弱。

结论 8：挑战掌握目标在工匠精神与任务精通性之间具有显著的负向间接效应，工匠精神通过影响挑战掌握目标，进而负向影响任务精通性，即工匠精神越强烈，由于挑战掌握目标受工匠精神的影响，任务精通性就越弱。

结论 9：挑战掌握目标在工匠精神与任务适应性之间具有显著的负向间接效应，工匠精神通过影响挑战掌握目标，进而负向影响任务适应性，即工匠精神越强烈，由于挑战掌握目标受工匠精神的影响，任务适应性就越弱。

5.4.2　理论贡献与实践意义

本研究基于目标导向理论揭示了工匠精神对于员工绩效的影响，主要理论贡献与实践意义体现在以下几个方面。

首先，本研究揭示了工匠精神对员工绩效的积极作用。诸多学者对于工匠精神的具体作用已有一定的理论构建[18,247]，但遗憾的是大都停留在推论层面。本文着眼于员工个体层面的工匠精神特质，利用目标导向理论揭示了工匠精神对员工任务绩效的积极作用，为工匠精神在个体层次的有用性提供了实质性证据。这有利于后续研究对工匠精神影响机制的展开。

其次，本研究明晰了工匠精神对目标导向的积极作用。工匠精神作为员工一种稳定的价值观会对员工工作目标及目标设置倾向产生影响。本研究表明，员工的工匠精神对员工的学习目标导向与挑战掌握目标均具有推动作用，进而对员工的工作绩效产生影响。因此，本研究在员工特质与目标导向两个议题之间架起了新的桥梁，丰富了该类议题的研究。

最后，本研究对于工匠型员工的管理具有指导意义[248]。本研究发现，员工的工匠精神对学习目标导向和挑战掌握目标都有积极作用，但是起到的作用截然相反。由工匠精神激发的学习目标导向对员工绩效具有积极影响，而控制学习目标导向不变，挑战掌握目标对这三种任务相关的角色绩效表现有负向影响。这说明工匠精神更适合通过一种持续的改进完善来提升工作角色绩效，而不是追求工作挑战。这启示管理者在管理工匠型员工时，应该注意创造环境并提供资源让他们进行持续性的工作改进和完善，而非激起这类员工的工作挑战感知，进行阶段性的挑战。这种持续性的挑战目标设置，很有可能会挫伤工匠型员工的内部动机，进而降低工作绩效。

第6章 创造力过程视角下的工匠精神影响机制

员工的创造力与创新行为无论是对员工自身还是其所在的团队都有重要影响。而工匠精神作为员工的工作价值观会影响员工创新的动机与其对待创新的态度,进而影响他们自身的创造力。本研究认为,具有工匠精神的员工会更加积极主动地投入创新活动中,从而具有更高的创造力水平。本章将基于创造力过程视角剖析工匠精神对员工创造力的影响机制。为此,本章首先基于创造力过程视角建立理论模型,随后利用问卷数据进行假设检验,最后对研究发现进行总结与讨论。

6.1 创造力过程理论概述

6.1.1 理论核心机制

在创新结果论后,学者们开始认识到创新创造并非一蹴而就的,而是一个持续渐进的过程。创新过程论意味着无论是团队的集体创新,还是个体的创造力培养都是一个不断演化的过程。在这个过程中,管理者应该营造创新环境、开展创造力培养、建立恰当的激励机制从员工的能力、动机与机会三个方面提高员工的创新工作结果。已有研究表明,领导的指导、恰当的培训与同事间的交流均能够提升员工的创新能力进而产生良好的创新绩效[249]。而愿景领导力等积极领导力、高参与人力资源管理实践、家庭对工作的积极溢出等积极因素的存在,也会提高员工的创新动机,从而推动员工积极进行创造行为。此外,较高的工作自主性、宽松的工作环境与合理的组织架构为员工的创新提供了机会,使得员工的创意能够很好地转化为具体的创新绩效。

此外,当学界与管理者意识到创新创造是一个持续性过程后,研究视角也更多地转向过程研究。比如,有研究发现,团队在创新失败后的集体反思能够让团队吸取经验教训,进而在失败后能够迅速从负面影响中走出来继续投入探索活动中[250]。另外,团队的创新氛围也能够消除员工的顾虑,进而积极投入企业的创造活动中。因此,创新创造是一个螺旋式上升、波浪式前进的过程,在实践过程中需要持续性地创造保障条件,确保创新的持续性推进[251]。

6.1.2 理论发展及其在工作场所研究中的应用

随着科技创新与企业创造重要性愈加凸显,员工的创造力过程也逐渐受到关注。本节将首先回顾创造力过程相关文献的整体情况,随后再梳理员工创造力过程的发展脉络。为此,我们在 Web of Science 的 SSCI 数据库中以"creative process"为关键词进行检索,最终得到 2 432 篇文献。本研究利用 VOSviewer 对文献关键词进行分析,绘制了员工创造力过程的文献图谱(见图 6.1)。

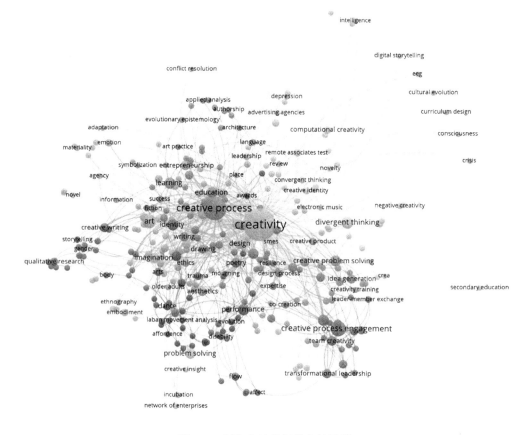

图 6.1 创造力过程相关文献图谱

在诸多创造力过程的研究中,学者们从各个角度探究了创造力形成、创新活动与创新绩效的影响机制,具体而言,有以下几个部分。首先,从企业层面来看,公司的关注焦点、资源配置与创新战略均会影响企业的创新活动,进而影响企业的创新绩效。例如,有研究发现,企业的冗余资源为企业创新活动提供了资源空间,从而推进了企业的创新活动。同时,公司高管对企业创新的注意力也会影响企业的创新投入。其次,从企业间的协同创新角度来看,企业及其战略伙伴之间的信息沟通与技术共享会降低创新成本,提高创新有效性。比如,有研究表明,企业在合作网络上的关系越聚集越能够产生积极的协同创新效应。最后,从工作场所研究来看,学者们主要从资源视角、身份视角与人际关系视角等角度去剖析员工的创新能力、创新行为与创新绩效[252]。

工作场所的创造力过程研究聚焦于员工的创新效能提升与影响机制分析(见图6.2),具体而言可以分为以下几个阶段。

首先,在学者们剖析了创新创造对企业的关键作用后,组织行为学领域便开始研究个体层面的创造力培养与员工创新行为。早期的创造力过程研究依托于一般的组织行为学议题,仅将一般的理论框架套用在创新创造这一议题上。例如,有研究发现,变革型领导、服务型领导与谦卑型领导均会提高员工的一般自我效能感,创造领导与下属良好的人际关系进而促进员工的创造行为。再如,有研究发现,同事间的知识交流也会提高员工的创新能力[253]。这一阶段的研究主要解决了"哪些因素会影响员工创新"这一话题,为后续研究奠定了基础。但同时它们也存在一些不足,最典型的问题就是这些一般的团队情境到底在多大程度上会影响员工的创新结果。正是因为有学者提出,一般理论框架对员工创新结果的解释力度存在不足,所以才出现了新的研究路线。

其次,在学界充分揭示了员工创造力在各方面的影响因素后,学者们开始注重创造力过程本身的研究情境并揭示更加有效的创新激励策略。最为典型的,许多研究开发了创新导向的人力资源管理实践,希望通过系统化的员工招聘、培训与激励等手段促进员工创造力的提升[254]。在这种背景下,诸多围绕创造力情境开发的新概念引起了学者们的重视,其中最突出的便是资源视角下的创造力自我效能感与身份视角下的创造力身份认同。这两个概念源于一般的研究框架,被研究者们进行情景化处理后形成了专门性的学术概念。已有研究表明,员工特点、组织特点与岗位特征均会影响员工的创造力自我效能感进而影响员工的创新结果[255,256]。例如,工作的复杂性与创造力要求均会激发员工的创造力自我效能感,从而提高员工的创造力投入。同样的,领导支持与组织信任也会产生相似的作用。而对于创造力身份认同而言,已有研究表明创造行为自我观点与差异性文化的接触,会提高创造力身份认同。此外,社会期望(例如感知顾客期望)对二者均会产生积极影响。这一时期的研究主要围绕创新情境本身展开,比较深入地剖析了创新过程必备的资源与环境,为后续研究奠定了基础;但同时也存在一些不足,比如,身份视角的研究成果相对缺乏,依旧将创新视为投入产出关系等。

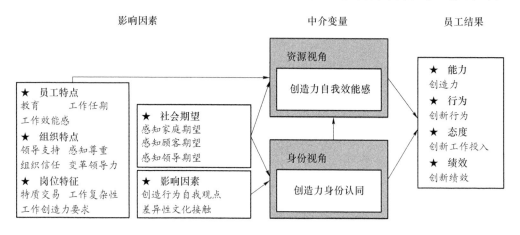

图 6.2　创造力过程常用机制总结

最后,在已有的研究基础上,近期的创造力研究又展现出新的研究趋势。第一,研究者们不再简单地将创新视为一种固定的投入产出关系,而是认识到了创新的偶然性。在这种背景下,研究者们开始关注员工日常活动的后果、创新氛围的营造与建设,从而提高创新出现的机会。例如,有研究表明,网络信息偶遇会提升个人的创造力,而群体的讨论氛围也会促进团队创造效能的提升。第二,研究者们开始打破一般性的线性研究范式,不再简单地认为创新过程是线性的,而应该是一种系统化的动态发展过程。因此,诸多情境实验与系统仿真的方法开始进入相关研究领域。第三,创造力过程研究出现了团队与个体两个层面相融合的研究取向,即将团队的创造氛围与个体的创造力、创造行为相结合探究整体性的作用机制。

综上所述,创造力过程的相关研究虽然起步相对较晚,但是由于其直接的管理意义在组织行为学研究中备受关注,因此,在经历一段时间的积累后,创造力过程研究正在经历数量与质量的双层次蜕变。

6.2　理论模型与假设发展

在回顾了创造力过程的相关研究后,本小节从创造力过程视角剖析工匠精神各个维度对员工创新行为的影响。

6.2.1 工匠精神对创造力自我效能感的影响

创造力自我效能感是指员工对自身能否利用所拥有的技能去完成创新行为的自信程度。本研究认为,员工的工匠精神能够提高创造力自我效能感,具体原因有以下三点。首先,员工的创造力自我效能感是个体在创造过程中的一种资源,这种资源得以维持员工完成创造的行为。而工匠精神恰恰是提供创造力资源的一种个体特质,具有工匠精神的员工能够在工作过程中保持斗志,这种内生的动力即表现为员工在工作过程中的创造力自我效能感[21]。其次,员工的工匠精神赋予员工对工作任务的自信。具有工匠精神的员工通常追求工作细节的完美与工作技艺的提升,对自身的完善与进步通常极具自信。因此,工匠型员工在创造过程中通常很有自信,能够产生较高的创造力自我效能感。最后,工匠精神较高的员工对工作的控制感更强。工匠型员工在工作过程中往往表现出对工作细节与工作流程良好的把控能力,这会使得员工在创造过程中能够产生极高的控制感,从而有效地进行创造活动[259]。

工匠精神能够提高员工的创造力自我效能感,但各个维度对它的影响存在些许差别。具体来看:精益求精表现为员工对工作结果更高层次的追求,员工会因此充满干劲投入创造活动中,因此会正向影响创造力自我效能感;而笃定执着表现为员工工作过程中面对挑战的坚忍不拔,使得员工在经历挫折时能够很快调整状态,继续投入创造活动中[260];责任担当表现为员工在工作过程中对工作责任的主动承担,具有这种特质的员工将工作视为自己分内的事,表现出强大的工作动力与工作热情,从而促进创造活动;注重个人成长的员工则往往将工作过程视为自身的挑战,并不断追求卓越,因此会表现出较高的创造力自我效能感;珍视声誉意味着员工将外部的称赞与鼓励视为一种工作动机,对外部评价的重视同样能够使得员工产生较高的创造力自我效能感。

综上所述,本研究提出以下假设:

假设 6.1a:精益求精与创造力自我效能感存在正向关系。

假设 6.1b:笃定执着与创造力自我效能感存在正向关系。

假设 6.1c:责任担当与创造力自我效能感存在正向关系。

假设 6.1d:个人成长与创造力自我效能感存在正向关系。

假设 6.1e:珍视声誉与创造力自我效能感存在正向关系。

6.2.2 工匠精神对创造力身份认同的影响

创造力身份认同指员工在工作过程中对于自身创造力角色的认同。本研究认为,工匠精神对员工的创造力身份认同具有促进作用,主要原因体现为以下三点。首先,工匠型员工对自己在团队中的定位有明确的认知。工匠型员工具有明确的价值取向与工作偏好,对工作角色有比较明确的认知。这便使得工匠型员工能够很好地在团队中寻找到自身的位置,并持续扮演创造探索者的角色。这种角色清晰感使得该类员工具有较高的身份认同[261]。其次,工匠型员工对创造力身份具有内生的自我认同。工匠型员工执着于对工作任务的完善与工作过程的探索,这种稳定的价值观使得他们本身具有较高的自我认同感。这种认同感具体表现为他们认为自己是创造者、创造者能够给自己带来骄傲等。最后,工匠型员工也能够通过外部反馈确立自己的创造力身份。工匠型员工在工作过程中的持续探索行为使得他们能够获得外部的积极反馈,例如同事的鼓励、领导的认可。这些社会线索的存在使得他们能够更加坚定自己的信念,从而展现出更高的创造力身份认同水平[262]。

工匠精神对员工创造力身份认同具有积极作用,但同时各个维度对它的影响存在细微的差异。精益求精表现为员工的求索精神,而这一过程无疑会强化他们自身对创造力身份的认同。笃定执着意味着员工面对工作任务挑战时,能够更加积极应对,进而提高自身的创造力身份认同。而员工的责任担当体现了员工建立自身的创造力身份,主动承担工作任务的过程[263]。注重个人成长的员工会更加重视自身的创造力增长,在这个过程中伴随着创造力身份认同的提高。员工珍视声誉意味着员工对于自身在团队内部扮演的角色及其社会评价都比较看重。一方面,为了赢得组织内的声誉,工匠型员工会积极构建自身的创造力身份,并做出符合该身份的行动;另一方面,为了已经获得的声誉能够得以维持,他们会更加积极地采取行动强化自身在团队中的角色定位,提升自己对创造力身份的认同。

综上所述,本研究提出以下假设:

假设 6.2a:精益求精与创造力身份认同存在正向关系。

假设 6.2b:笃定执着与创造力身份认同存在正向关系。

假设 6.2c:责任担当与创造力身份认同存在正向关系。

假设 6.2d:个人成长与创造力身份认同存在正向关系。

假设 6.2e:珍视声誉与创造力身份认同存在正向关系。

6.2.3 创造力自我效能感对员工创新行为的影响

员工创新行为是员工在工作过中进行的积极探索与创造行为,具体表现为创意激发、创意传播与创意实施。本研究认为,创造力自我效能感会促进员工的创新行为,主要原因有以下三点。首先,创造力自我效能感是员工进行创新活动的重要个体资源。已有研究表明,员工进行创新行为需要能力、动机与机会三方面的资源[264]。而员工的创造力自我效能感是员工动机方面的一种重要资源,具有较高水平创造力自我效能感的员工会更加积极主动地进行创新活动。其次,创造力自我效能感能够维持员工进行持续创新过程中的活力。具有较高创造力自我效能感的员工对创新活动充满自信,能够积极参与团队的创新活动。最后,创造力自我效能感能够使员工创新失败后迅速调整状态。无论是团队创新还是个体创新都是一个螺旋式上升、波浪式前进的过程,必然伴随着失败的风险。而具有创造力自我效能感的员工能够在面对创新过程中的挑战时保持自信,即使遭遇暂时的挫折也能立即调整自身的状态继续投入创新活动。

创造力自我效能感会促进员工的创新行为,但其对于创新行为各个维度的影响存在差异。首先,创造力自我效能感能够激发员工在工作过程中的创意。创造力自我效能感会使得员工积极进行思考,有意识地在工作过程中锻炼自己的创造性思维,从而提升自己的创意激发能力。其次,创造力自我效能感会使得员工在组织内部主动进行创意传播。具有创造力自我效能感的员工能够在进行创意交流的过程中产生自豪感,因此,他们会更加积极地在组织内进行创意传播。最后,创造力自我效能感会推动员工积极进行创意实施。员工进行创意实施通常面临着缺乏内在动机与担心行动风险的顾虑,而员工的创造力自我效能感会补充这两方面的不足,为员工的创意实施提供足够的内在动力。

综上所述,本研究提出以下假设:

假设6.3a:创造力自我效能感与创意激发存在正向关系。

假设6.3b:创造力自我效能感与创意传播存在正向关系。

假设6.3c:创造力自我效能感与创意实施存在正向关系。

6.2.4 创造力身份认同对员工创新行为的影响

本研究认为创造力身份认同会提高员工的创新行为,主要原因有以下三点。首先,员工对创造力身份的认同会促使员工做出符合自身认知的行动。基于一致性原则,当员工对创造力身份具有较高的认同时便会积极进行创新行为以使得认知与行动一致。相对的,如果二者之间存在差异,个体便会出现认知失调。因此,为了防止这种负面状态的出现,员工会更加积极地在工作中进行创新。其次,创造力身份认同使得员工能够将自身的实践与精力聚焦到创新活动中。员工在团队中往往容易陷入混乱、迷失行动方向,而身份认同能够给员工行动提供足够的社会线索。当员工具有较高的创造力身份认同时,便会将其作为组织中的行动中心,进而展现出积极的创新行为。

最后,创造力身份认同建立了员工与团队成员的互动过程,进而推动了员工的创新行为。员工的创造力身份认同使得员工得以在团队内明确自身的角色定位,从而在与同事互动的过程中进一步强化自身的创新角色,如积极分享创意等[266]。

创造力身份认同会提高员工的创新行为,但对各个维度的影响存在差异。首先,创造力身份认同使得员工能够积极进行创新思考,员工对工作流程进行积极思考,进而激发了员工在工作过程中的创造性思维[267]。其次,创造力身份认同赋予了员工组织互动的社会线索,使得员工积极进行创意传播。最后,创造力身份认同为员工的创意实施提供了动力。组织内的创意实施通常需要员工有较高的自我驱动力,而创造力身份认同便是一个重要影响因素。

综上所述,本研究提出以下假设:

假设 6.4a:创造力身份认同与创意激发存在正向关系。

假设 6.4b:创造力身份认同与创意传播存在正向关系。

假设 6.4c:创造力身份认同与创意实施存在正向关系。

基于本章假设提出创造力过程视角下工匠精神影响机制理论模型,如图 6.3 所示。

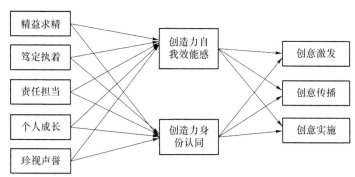

图 6.3 创造力过程视角下工匠精神影响机制理论模型

6.3 数据分析结果

6.3.1 描述性统计

本研究收回的 209 份有效问卷中,被调查者年龄主要集中在 21 到 38 周岁,占比为 73.4%,39 到 45 周岁占 16.4%,46 到 50 周岁占 6.2%,51 到 56 周岁占 4.0%。被调查者的工作年限在 15 年及以下的占比为 56.5%,16 年到 20 年的占 24.3%,21 年到

25年的占13.0%,26年到30年的占3.9%,30年以上的占2.3%。被调查者当前工作的任职期限在5年以下的占52.0%,6年到10年的占36.1%,11年以上的占11.9%。

表6.1统计了参与假设检验的各变量(因子)及其测量项的均值、标准差。

表6.1 变量及其测量项的描述性统计

变量名	均值	标准差	变量名	均值	标准差
工匠精神	4.19	0.38	精益求精	4.25	0.47
个人成长	4.21	0.47	C13	4.34	0.61
C1	4.23	0.56	C14	4.38	0.54
C2	4.18	0.6	C15	4.21	0.63
C3	4.26	0.56	C16	4.02	0.65
C4	4.17	0.59			
责任担当	4.49	0.45	珍视声誉	4.19	0.52
C5	4.43	0.55	C17	4.27	0.67
C6	4.51	0.52	C18	4.32	0.59
C7	4.48	0.56	C19	3.79	0.85
C8	4.53	0.54	C20	4.37	0.67
笃定执着	3.81	0.62	创造力身份认同	3.90	0.55
C9	3.97	0.77	Ac1	3.95	0.61
C10	3.57	0.99	Ac2	3.75	0.67
C11	3.75	0.8	Ac3	4.00	0.63
C12	3.95	0.81	创造力自我效能感	3.81	0.56
创意激发	3.70	0.61	Ab1	3.87	0.64
Ag1	3.64	0.68	Ab2	3.82	0.68
Ag2	3.81	0.64	Ab3	3.90	0.64
Ag3	3.64	0.74	Ab4	3.65	0.69
创意传播	3.96	0.58	创意实施	3.78	0.59
Ah1	4.07	0.63	Ai1	3.84	0.61
Ah2	3.98	0.60	Ai2	3.69	0.68
Ah3	3.82	0.71	Ai3	3.80	0.64
年龄	36	6.85	教育水平	1.31	0.52
性别	1.18	0.38	工作年限	14.23	7.86
			任职期限	5.4	3.46

6.3.2 信度检验

分别分析参与假设检验的所有因子的研究量表测量项的克隆巴赫α系数,结果如表6.2所示。

表中各变量的系数值均大于0.7,这表明研究量表的信度均可接受,一致性和可靠性较强。其中:考查工匠精神的五个维度的系数分别为0.82、0.85、0.71、0.77、0.73;这五个维度在共同考查工匠精神时,信度系数为0.81,达到高信度;另外,创造力身份认同、创造力自我效能感、创意激发、创意传播、创意实施的信度系数分别为0.84、0.87、0.88、0.88、0.90,均达到较高信度。

表6.2 克隆巴赫α信度分析

变量	α系数	变量	α系数
工匠精神	0.81	创造力身份认同	0.84
个人成长	0.82	创造力自我效能感	0.87
责任担当	0.85	创意激发	0.88
笃定执着	0.71	创意传播	0.88
精益求精	0.77	创意实施	0.90
珍视声誉	0.73		

6.3.3 效度检验

利用Amos23.0,根据前文提出的理论模型构建结构方程模型,并进行验证性因子分析,整体拟合系数结果如表6.3所示。

表6.3 克隆巴赫α信度分析

卡方值	自由度	卡方自由度比值	TLI	CFI	RMSEA
833.97	585	1.43	0.93	0.93	0.05

模型的卡方自由度比值为1.43,小于3;TLI、CFI等指标均在0.9以上,说明模型与数据高度拟合;RMSEA为0.05,小于0.10。所以总体而言,卡方自由度比值、RMSEA这两个较为重要的指标远小于标准边界,TLI和CFI等指标均达到较高水平,该模型的拟合结果较好。

(1) **聚合效度分析** 在验证了模型的拟合效度达标之后,需要对研究量表进行聚合效度分析,检验模型中因子测量项的聚合程度,即检验划入该因子测量项是否能够准确地考查该因子。

分析参与假设检验的各因子的量表测量项后,聚合效度分析的结果如表 6.4 所示。其中:个人成长(AVE=0.53,CR=0.81)、责任担当(AVE=0.57,CR=0.84)、创意激发(AVE=0.71,CR=0.88)、创意传播(AVE=0.72,CR=0.89)、创意实施(AVE=0.75,CR=0.90)、创造力自我效能感(AVE=0.63,CR=0.87)、创造力身份认同(AVE=0.64,CR=0.84)聚合效度较好,AVE 指标均在 0.50 以上且 CR 指标均大于 0.70;精益求精(AVE=0.48,CR=0.78)、珍视声誉(AVE=0.44,CR=0.75)、笃定执着(AVE=0.40,CR=0.72)的 AVE 均在 0.40 以上,CR 均大于 0.70,所以聚合效度均可被接受。分析结果表明,本研究的量表数据具有足够的聚合效度。

表 6.4 模型标准载荷系数、AVE 和 CR 指标结果

变量名	测量项	标准载荷系数	AVE	CR	变量名	测量项	标准载荷系数	AVE	CR
个人成长	C1	0.76	0.53	0.81	精益求精	C13	0.73	0.48	0.78
	C2	0.80				C14	0.72		
	C3	0.66				C15	0.69		
	C4	0.68				C16	0.62		
责任担当	C5	0.75	0.57	0.84	珍视声誉	C17	0.73	0.44	0.75
	C6	0.78				C18	0.78		
	C7	0.77				C19	0.48		
	C8	0.73				C20	0.62		
笃定执着	C9	0.43	0.40	0.72	创造力自我效能感	Ab1	0.78	0.63	0.87
	C10	0.74				Ab2	0.82		
	C11	0.66				Ab3	0.77		
	C12	0.65				Ab4	0.8		
创意传播	Ah1	0.82	0.72	0.89	创造力身份认同	Ac1	0.83	0.64	0.84
	Ah2	0.89				Ac2	0.75		
	Ah3	0.84				Ac3	0.81		
创意实施	Ai1	0.89	0.75	0.90	创意激发	Ag1	0.86	0.71	0.88
	Ai2	0.86				Ag2	0.83		
	Ai3	0.86				Ag3	0.84		

(2) **区分效度分析** 将聚合效度分析中的 AVE 值的平方根与因子的相关系数组成矩阵,如表 6.5 所示,各因子的 AVE 根值排列在矩阵的对角线上。其中:个人成长

的 AVE 根值为 0.73,大于其与任何因子之间的相关系数;责任担当的 AVE 根值为 0.75,同样大于其与任何因子之间的相关系数。类似地,可以发现表中所有因子的 AVE 根值均大于其与其他因子之间的相关系数。

结果表明该模型具有足够的区分效度。

表 6.5 区分效度:Pearson 相关与 AVE 根值

变量	变量									
	个人成长	责任担当	笃定执着	精益求精	珍视声誉	创造力自我效能感	创造力身份认同	创意激发	创意传播	创意实施
个人成长	0.73									
责任担当	0.60	0.75								
笃定执着	0.35	0.34	0.63							
精益求精	0.58	0.66	0.50	0.69						
珍视声誉	0.39	0.42	0.47	0.52	0.66					
创造力自我效能感	0.15	0.20	0.10	0.07	0.08	0.79				
创造力身份认同	0.09	0.07	−0.04	−0.05	0.01	0.71	0.80			
创意激发	0.05	0.11	0.16	0.08	0.07	0.69	0.55	0.84		
创意传播	0.12	0.16	0.11	0.04	0.01	0.64	0.68	0.60	0.85	
创意实施	0.02	0.10	0.05	0.03	−0.04	0.66	0.63	0.59	0.74	0.87

注:对角线上为各变量的 AVE 根值。

6.3.4 共同方法偏差检验

本研究采用自我报告数据,因此可能存在共同方法偏差问题,所以在根据研究结果进一步得出结论前,有必要检验数据是否存在共同方法偏差。

为初步判断数据的共同方法偏差情况是否严重,对收集的数据采用 Harman 单因子检验进行共同方法偏差的检验,表 6.6 列出了未旋转的探索性因子分析结果中特征根大于 1 的因子。

通常认为若在 Harman 单因子检验中,存在不止一个因子的特征根大于 1,且其中最大的因子方差解释度低于 40%,则认为样本中不存在严重的共同方法偏差。表 6.6 中特征根大于 1 的因子数量为 8,其中最大的因子方差解释度为 26.61%,低于常用的临界标准 40%,初步认为本样本中不存在严重的共同方法偏差。

接下来采用在原模型中加入共同方法因子的验证性因子分析,旨在观察共同方法因子在模型中的作用强度,并进一步分析研究量表数据的准确性。

表 6.6 共同方法偏差检验:总方差解释

成分	初始特征值		
	总计	方差百分比(%)	累积(%)
1	9.58	26.61	26.61
2	7.02	19.49	46.11
3	1.96	5.44	51.55
4	1.44	4.00	55.54
5	1.39	3.87	59.41
6	1.31	3.64	63.05
7	1.06	2.96	66.01
8	1.02	2.82	68.83

研究中设不含共同方法因子的模型为模型 1;设加入共同方法因子的模型为模型 2,并分别分析二者的拟合指标,结果如表 6.7 所示。

表 6.7 共同方法偏差检验:模型拟合系数

		卡方值	自由度	卡方自由度比值	TLI	CFI	RMSEA
模型 1	不含共同方法因子	833.97	585	1.43	0.93	0.93	0.05
模型 2	含共同方法因子	732.75	514	1.43	0.92	0.94	0.05

结果显示:模型 1 中的卡方自由度比值为 1.43,模型 2 中的卡方自由度比值为 1.43,加入共同方法因子后,卡方自由度没有明显的变化,模型没有变得更好;模型 1 的 TLI 为 0.93,模型 2 的 TLI 为 0.92,加入共同方法因子后,TLI 减小了 0.01,变化不明显;模型 1 的 CFI 为 0.93,模型 2 的 CFI 为 0.94,加入共同方法因子后,CFI 增加了 0.01,变化不明显;模型 1 的 RMSEA 为 0.05,模型 2 的 RMSEA 为 0.05,加入共同方法因子后 RMSEA 几乎没有变化,变化量远小于标准的 0.05。总体看来,加入共同方法因子后,模型的拟合指标没有得到显著提升,说明相对于原模型,共同方法因子不能显著地改善模型。这也表明数据中的共同方法偏差对拟合结果的影响不显著。

综上,所收集的数据不存在显著的共同方法偏差。在共同方法偏差影响不显著的情况下得到的结论是可以被接受的。

6.3.5 相关性分析

根据收集到的数据,各变量的相关系数如表 6.8 所示。创造力自我效能感与个人成长($r=0.15$，$p<0.05$)、责任担当($r=0.20$，$p<0.01$)均存在显著正相关。这说明在变量两两之间的相关性检验中，工匠精神的部分内涵与人的创造力自我效能感正相关，员工对能够取得创造性成果的信念分别与这两个内涵有正向关系。另外，创造力自我效能感与创意激发($r=0.69$，$p<0.01$)、创意传播($r=0.64$，$p<0.01$)、创意实施($r=0.66$，$p<0.01$)均存在显著正相关。

创造力身份认同与创意激发($r=0.55$，$p<0.01$)、创意传播($r=0.68$，$p<0.01$)、创意实施($r=0.63$，$p<0.01$)均呈明显的正相关，但与工匠精神五个维度的相关性均不显著。这说明工匠精神的影响主要聚焦于创造力自我效能感。

表6.8 相关性分析

变量	个人成长	责任担当	笃定执着	精益求精	珍视声誉	创造力自我效能感	创造力身份认同	创意激发	创意传播	创意实施
个人成长	1									
责任担当	0.60***	1								
笃定执着	0.35***	0.34***	1							
精益求精	0.58***	0.66***	0.50***	1						
珍视声誉	0.39***	0.42***	0.47***	0.52***	1					
创造力自我效能感	0.15**	0.20***	0.10	0.07	0.08	1				
创造力身份认同	0.09	0.07	−0.04	−0.05	0.01	0.71***	1			
创意激发	0.05	0.11	0.16**	0.08	0.07	0.69***	0.55***	1		
创意传播	0.12	0.16**	0.11	0.04	0.01	0.64***	0.68***	0.60***	1	
创意实施	0.02	0.10	0.05	0.03	−0.04	0.66***	0.63***	0.59***	0.74***	1

注：*** 表示在0.01级别(双尾)相关性显著；** 表示在0.05级别(双尾)相关性显著；* 表示在0.10级别(双尾)相关性显著。

6.3.6 路径分析

相关性分析在一定程度上反映变量之间的相关关系，但难以解释变量之间的作用过程。路径分析可以反映变量之间的影响大小及方向。通过构建模型，可以计算出各变量之间的路径系数，进一步厘清变量互相作用的过程。

将参与假设检验的十个变量(精益求精、笃定执着、责任担当、个人成长、珍视声誉、创造力自我效能感、创造力身份认同、创意激发、创意传播、创意实施)构建路径模型，并计算路径系数。最终，标准化路径系数如图6.4所示。

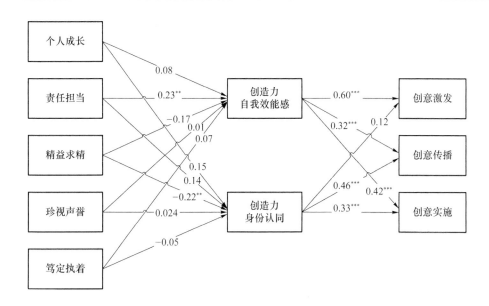

样本量(N)=207；*表示在0.1水平显著(双尾)；**表示在0.05水平显著(双尾)；***表示在0.01水平显著(双尾)

图6.4　路径模型结果(工匠精神分五个维度)

图6.4中，工匠精神的部分内涵对创造力自我效能感、创造力身份认同存在显著的影响。其中，责任担当对创造力自我效能感的影响系数为0.23($p<0.05$)，这说明拥有工匠精神的员工越是对产品或服务负责，他们就越有信念来实现产品或服务上的创新，发挥创造的能动性。

精益求精对创造力身份认同具有显著影响，影响系数为−0.22($p<0.05$)。这可能是由于，当员工对工作质量抱有极致追求时，他们更愿意在工作细节中不断改进，寻求渐进式的突破，而不是将自己定位成一名极具创造力的员工。

创造力自我效能感会正向影响创意的激发，其对创意激发的影响系数为0.60($p<0.01$)，即员工对创造工作的自我效能感越强烈，他们越容易产生创意。创造力自我效能感也会正向影响创意传播，影响系数为0.32($p<0.01$)，即员工对创造工作的自我效能感越强烈，越有利于创意理念的扩散。创造力自我效能感还对创意实施有正向影响，影响系数为0.42($p<0.01$)，可见，员工对创造工作的自我效能感越强烈，他们越倾向于采取措施实现这些创意。

创造力身份认同对创意激发有正向影响，但是这种影响并不明显。创造力身份认同对创意传播有明显的正向影响，影响系数为0.46($p<0.01$)，说明员工在将自己认定为富有创造力的角色时，更有动力来让自己的创意广为人知。创造力身份认同对创意实施具有明显的正向影响，影响系数为0.33($p<0.01$)，可见创意的实施与否很大

程度上决定于创意产生者对自身创造力的认同程度。

为了观察工匠精神对创造力自我效能感、创造力身份认同的影响,将精益求精、笃定执着、责任担当、个人成长、珍视声誉的简单平均值作为考查工匠精神的指标。根据信度分析,该过程中的克隆巴赫 α 系数值为 0.81,所以认为它们的均值能较好地反映工匠精神。

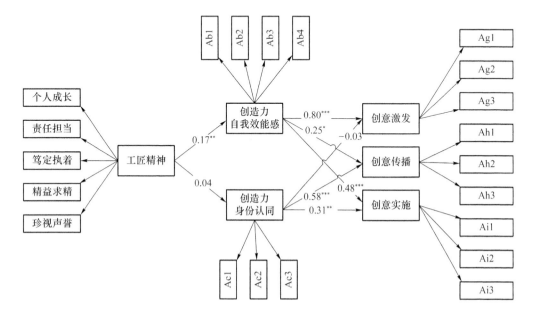

样本量(N)=207;* 表示在 0.1 水平显著(双尾);** 表示在 0.05 水平显著(双尾);*** 表示在 0.01 水平显著(双尾)

图 6.5　结构方程模型结果(工匠精神单一维度)

如图 6.5 所示,通过构建结构方程模型,可以看到工匠精神对创造力自我效能感存在显著的正向影响,影响系数分别为 0.17($p<0.05$),但是对创造力身份认同的正向影响不显著。这说明在该模型中,工匠精神的影响聚焦于创造力自我效能感,进而对创意行为产生影响。

进一步分析该模型的拟合系数,如表 6.9 所示。模型的卡方自由度比值 CMIN/DF 为 1.42,小于 3,另外 TLI、CFI 等拟合数据均大于 0.90,RMSEA 为 0.05,小于 0.10,可以认为该模型拟合效果较好,结果较为可信。

表 6.9　模型拟合系数

卡方值	自由度	卡方自由度比值	TLI	CFI	RMSEA
801.20	564	1.42	0.93	0.94	0.05

总体而言,工匠精神的五个内涵对创造力自我效能感和创造力身份认同既有正向影响也有负向影响,且总体看来对创造力自我效能感的正向影响远大于负向影响,但是对创造力身份认同的影响不显著,这可能是因为五个内涵的影响相互叠加、抵消的结果。另外,创造力自我效能感对创意激发、创意传播、创意实施起正向作用,创造力身份认同主要对创意传播和创意实施起正向作用。

6.3.7 间接效应检验

为了更深入地探究在创造力过程视角下,工匠精神对创意激发、创意传播、创意实施的作用过程,接下来采用 Bootstrap 分析(20 000 次取样)检验单条路径所产生的间接效应。

表 6.10 间接效应显著性检验的 Bootstrap 分析

路径	标准化中介效应值	95% 置信区间	
		下限	上限
工匠精神→创造力自我效能感→创意激发	0.148	0.031	0.285
工匠精神→创造力身份认同→创意激发	−0.020	−0.640	0.001
间接效应	0.151	0.012	0.296
直接效应	0.053	−0.121	0.227
工匠精神→创造力自我效能感→创意传播	0.074	0.018	0.173
工匠精神→创造力身份认同→创意传播	−0.063	−0.147	−0.001
间接效应	0.095	−0.036	0.238
直接效应	0.077	−0.082	0.236
工匠精神→创造力自我效能感→创意实施	0.104	0.028	0.203
工匠精神→创造力身份认同→创意实施	−0.048	−0.118	−0.007
间接效应	0.111	−0.016	0.245
直接效应	−0.052	−0.219	0.114

从表 6.10 可知,工匠精神通过创造力自我效能感影响创意激发,创造力自我效能感在工匠精神与创意激发之间的间接效应显著。虽然工匠精神通过创造力身份认同对创意激发的间接影响在 95% 置信区间下不显著,但是其上限(0.001)逼近 0,所以后续我们将在 90% 置信水平上重新进行分析。

工匠精神通过创造力自我效能感影响创意传播,创造力自我效能感在工匠精神与创意传播之间的间接效应显著,而且工匠精神通过创造力身份认同对创意传播的间接影响也显著。所以,我们认为工匠精神对创意传播的作用受这两条路径的双重影响,而且这两条路径间接效应的影响方向相反,相互抵消,这可能是总的间接效应不那么显著的原因。

同样的,工匠精神通过创造力自我效能感影响创意实施,创造力自我效能感在工匠精神与创意实施之间的间接效应显著,同时,创造力身份认同在工匠精神与创意实施之间的间接效应也显著。所以与前文相似,我们认为工匠精神对创意实施的作用也受两条路径的双重影响,同样由于两条路径间接效应的影响方向相反,可以相互抵消,因此工匠精神对创意实施的总体间接效应不显著。

虽然创造力身份认同在工匠精神与创意激发之间的间接效应不显著,但是该间接效应在95%置信区间的上限(0.001)逼近0,所以有理由认为这种间接效应在90%置信区间下是显著的,有必要再次验证。

对该路径进行90%置信区间下的Bootstrap分析,结果如表6.11所示。

表6.11　间接效应显著性检验的Bootstrap分析

路径	标准化间接效应值	90%置信区间	
		下限	上限
工匠精神→创造力身份认同→创意激发	0.014	−0.076	0.103
直接效应	0.191	0.027	0.355

表6.11中,创造力身份认同在工匠精神与创意激发之间的间接效应在90%置信区间下依旧不显著,这推翻了我们之前的想法。

6.4　结论与讨论

6.4.1　研究结论

根据前面的检验结果,本研究量表具有较好的信度和效度,因此认为研究模型中的因子测量是合理的,后续的一系列分析的结果也是可信的。接下来,将从以下几个角度对研究结果展开讨论。

(1) 责任担当与创造力自我效能感

责任担当对创造力自我效能感的影响较为显著,相比之下,工匠精神的其他内涵对创造力自我效能感的影响不显著。参考前文的结构方程模型,责任担当对创造力自我效能的影响系数为 0.23($p<0.05$)。所以,可以得出以下结论。

结论 1:工匠精神作为多种价值观构成的系统,其五个内涵中只有责任担当对创造力自我效能感存在显著影响。

结论 2:工匠精神中,责任担当会正向影响创造力自我效能感,即拥有工匠精神的员工对产品或服务的责任感越强烈,其对创造过程的自我效能感就越充足。

(2) 精益求精与创造力身份认同

精益求精对创造力身份认同的影响较为显著,工匠精神的其他内涵对创造力身份认同的影响不显著。参考前文的结构方程模型,精益求精对创造力身份认同的影响系数为 -0.22($p<0.05$)。所以,可以得出以下结论。

结论 3:工匠精神中,精益求精会负向影响创造力身份认同,即当拥有工匠精神的员工专注于对产品精心打磨和追求极致的过程时,他们对自我身份的定位会倾向于背离具有创造力的角色。

(3) 工匠精神与创造力自我效能感、创造力身份认同

从总体来看,工匠精神对创造力自我效能感存在显著的正向影响,影响系数分别为 0.17($p<0.05$),但是对创造力身份认同的影响不显著。因此,有以下结论。

结论 4:工匠精神的影响集中于创造力自我效能感;工匠精神对创造力自我效能感有显著的正向影响,即工匠精神越强烈,员工对创造过程的自我效能感就越充足。

(4) 创造力自我效能感、创造力身份认同与创意激发

对比前面路径模型和结构方程模型,创造力自我效能感、创造力身份认同对创意激发、创意传播、创意实施的影响系数和显著性在两模型之间变化较小,故以下数据参考结构方程模型。创造力自我效能感对创意激发的影响系数显著,为 0.80($p<0.01$);创造力身份认同对创意激发的影响系数不显著。

结论 5:创意激发受创造力自我效能感的正向影响,即随着创造力自我效能感的提升,员工会更容易产生创意。

(5) 创造力自我效能感、创造力身份认同与创意传播

创造力自我效能感、创造力身份认同对创意传播的影响均显著,系数分别为 0.25($p<0.10$)、0.58($p<0.01$)。这意味着,对创造过程的自我效能感越强烈或者对自身的创造力身份越认可,员工就越致力创意理念的传播。因此,有如下结论。

结论 6:创意传播受创造力自我效能感的正向影响,即随着创造力自我效能感的提升,员工的创意传播行为也会增加;创意传播受创造力身份认同的正向影响,即员工越注重自己所处角色的创造力,他们的创意传播行为也就越频繁。

(6) 创造力自我效能感、创造力身份认同与创意实施

创造力自我效能感、创造力身份认同对创意实施的影响均显著,系数分别为 0.48 ($p<0.01$)、0.31($p<0.05$)。也就是说,对创造过程的自我效能感越强烈或者对自身的创造力身份越认可,员工就越致力创意理念的实施。因此,有如下结论。

结论 7:创意实施受创造力自我效能感的正向影响,即随着创造力自我效能感的提升,员工的创意实施行为也会增加;创意实施受创造力身份认同的正向影响,即员工越注重自己所处角色的创造力,他们的创意实施行为也就越频繁。

(7) 工匠精神与创意激发、创意传播、创意实施

通过前面的 Bootstrap 分析,我们发现创造力自我效能感在工匠精神与创意激发、创意传播、创意实施之间均存在显著间接效应;创造力身份认同在工匠精神与创意传播、创意实施之间均存在显著间接效应。因此,有以下结论。

结论 8:创造力自我效能感在工匠精神与创意激发之间具有显著的正向间接效应,工匠精神通过影响创造力自我效能感,进而正向影响创意激发,即工匠精神越强烈,由于创造力自我效能感受工匠精神影响,因此创意激发也会越频繁。

结论 9:创造力自我效能感在工匠精神与创意传播之间具有显著的正向间接效应,工匠精神通过影响创造力自我效能感,进而正向影响创意传播,即工匠精神越强烈,由于创造力自我效能感受工匠精神影响,因此创意传播也会越频繁。

结论 10:创造力自我效能感在工匠精神与创意实施之间具有显著的正向间接效应,工匠精神通过影响创造力自我效能感,进而正向影响创意实施,即工匠精神越强烈,由于创造力自我效能感受工匠精神影响,因此创意实施也会越频繁。

结论 11:创造力身份认同在工匠精神与创意传播之间具有显著的负向间接效应,工匠精神通过影响创造力身份认同,进而负向影响创意传播,即工匠精神越强烈,由于创造力身份认同受工匠精神影响,因此创意传播也会越少。

结论 12:创造力身份认同在工匠精神与创意实施之间具有显著的负向间接效应,工匠精神通过影响创造力身份认同,进而负向影响创意实施,即工匠精神越强烈,由于创造力身份认同受工匠精神影响,因此创意实施也会越少。

6.4.2 理论贡献与实践意义

本研究基于创造力过程视角揭示了工匠精神对员工创新行为的影响,主要理论贡献与实践意义体现在以下几个方面。

首先,本研究给出了工匠精神对员工创新行为积极影响的证据。诸多学者指出,

具有工匠精神的员工更加偏好对工作的探索与挖掘，因此会表现出积极的创造行为与较高的创新绩效。本研究通过创造力过程视角，建立了员工工匠精神与创新行为之间的解释机制，并证实了工匠精神对创新行为的积极作用。这为后续研究进一步剖析工匠精神对员工创造力的作用机制奠定了基础。

其次，本研究给出了工匠精神对员工创新行为的解释机制。基于创造力过程视角，本研究构建了创造力自我效能感、创造力身份认同的双中介模型。经过对假设检验发现，工匠精神会提高员工的创造力自我效能感进而对创新行为产生积极作用。而与之相对的，在控制了工匠精神对创造力自我效能感的积极作用后，它对创造力身份认同的影响不再显著。这表明工匠精神主要通过创造力自我效能感对员工的创新行为产生影响。

最后，本研究对于管理者促进员工的创新行为具有指导意义。本研究揭示了工匠精神对员工创新行为的积极影响及具体路径，对激发工匠型员工的创新行为有直接的启示。管理者应该在团队内部塑造宽松的工作环境、低压的工作条件，确保工匠型员工的创造力自我效能感保持充沛，进而激发出他们的主观能动性进行创新行为[262]。另外，由于创造力身份认同的作用不显著，因此管理者不必花费大量的时间与精力用于工匠型员工的团队身份塑造上。

第7章　工作投入视角下的工匠精神影响机制

员工的主动性行为无论是对员工绩效还是其所在的团队发展都有重要影响。我们认为,具有工匠精神的员工会具有较高的工作投入水平进而表现出较高的主动性行为。本章将基于工作投入视角剖析工匠精神对员工主动性行为的影响机制。为此,本章首先基于工作投入视角建立理论模型,随后利用问卷数据进行假设检验,最后对研究发现进行总结与讨论。

7.1　工作投入理论概述

7.1.1　理论核心机制

工作投入是指员工在心理上对工作的认同,并将工作绩效视为个人价值观的反映。已有研究表明,工作投入通常表现为员工在工作过程中保持专注并积极投入,分为活力、奉献与专注三个维度。工作投入通常被视为员工在工作过程中的理想状态,处于这种状态下的员工能够对工作充满激情并能时刻调整自己的状态,从而专注于日常工作任务[268]。工作投入的有效性已经被充分证实,已有研究表明工作投入程度较高的员工会积极为组织建言献策,主动探索工作任务,并做出创新行为,这些行动都会使得该类员工取得更高的绩效[269]。而在工作态度上,工作投入程度较高的员工工作满意度、主观幸福感都较高,离职倾向则相对较低。

工作投入为何能够取得如此积极的工作结果呢?从已有研究来看,可从以下几个角度解释。首先,工作投入是员工工作资源充沛的表现。员工通常需要较多的资源维持工作的进行,如果资源产生损耗便会产生工作后撤行为。而员工的工作投入恰恰是员工工作资源充沛的表现,能够有效支撑员工的探索与创新行动[270]。其次,工作投入使得员工形成了工作聚焦。工作投入使得员工将自己的注意力全部集中到工作过程中,将自己的时间与精力均投入工作目标之中,而没有被其他目标损耗。因此,员工的这种状态能够取得更高的工作绩效。最后,工作投入使得员工具有较高的内部动机。员工的工作投入会使得员工更加关注工作过程,而降低对工作条件、福利待遇等外部因素的关注度。这便使得在同样的条件下,工作投入较高的员工能够表现出更好的工作结果。

7.1.2 理论发展及其在工作场所研究中的应用

员工工作投入是员工绩效提升的重要途径,因此对员工工作投入的研究长期以来备受关注。本节将首先回顾员工工作投入相关文献的整体情况,随后再梳理员工工作投入研究的发展脉络。为此,我们在 Web of Science 的 SSCI 数据库中以"work engagement"为关键词进行检索,最终得到 2 432 篇文献。本研究利用 VOSviewer 对文献关键词进行分析,绘制了员工工作投入的文献图谱(图 7.1)。

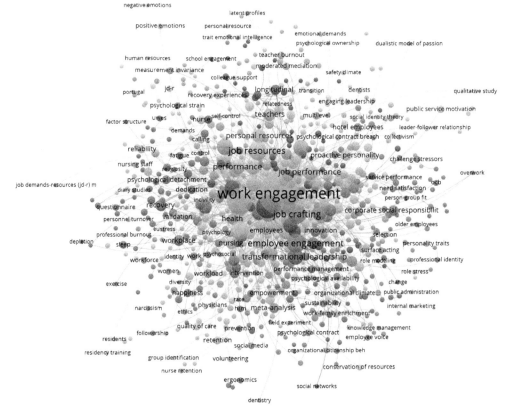

图 7.1　工作投入过程相关文献图谱

由图 7.1 可知,工作投入是员工完成工作任务、提高创新绩效的关键工作状态,因此针对工作投入的研究主要集中在工作场所。在已有文献中,研究视角存在差别,大致可以分为以下几类。首先,早期的研究主要集中在工作投入的有用性上。研究者们通过理论构建与假设检验在明晰了工作投入的具体表现与理论边界后,逐步揭示了工作投入对员工心理行为的作用机制。其次,已有研究基于人格特质理论探究了人格对工作投入的作用。例如,有研究发现,责任心较高的员工在工作过程中往往表现出更高的工作投入水平,而高特质焦虑的员工则往往在工作过程中难以做到专注。这类研究明晰了人与人之间工作投入水平差异的形成原因,对于员工招募、培训与选拔具有指导意义。最后,研究者们进一步关注工作要求、工作资源等情境因素[271],揭示哪些因素能够使得员工更好地进行工作投入,这些研究对员工的工作投入激励具有直接的指导意义。

为了系统性地回顾工作投入的已有研究成果,本研究基于工作要求-资源模型整合了已有研究发现。由图 7.2 可知,已有研究形成了工作投入的前因、中介工作投入、结果四阶段的两层次研究框架。

首先,从工作投入的工作结果来看,工作投入水平较高的员工通常在工作过程表现出较高的工作活力,且具有较高程度的奉献与专注,因此能够取得更高的工作绩效与创新绩效。而从行为与态度来看,工作投入程度较高的员工通常表现出更加积极的主动性行为与创新行为,并且表现出更加积极的工作态度。具体来看,工作投入程度较高的员工往往会表现出更加积极的工作态度,如他们会具有较高的工作满意度与主观幸福感,工作投入带来的幸福感溢出会提高配偶的幸福感。[272]当然,近年的研究表现出对工作投入的进一步反思,不再单纯地认为工作投入必然带来积极结果。有学者基于资源视角提出,工作投入会消耗员工的个体资源从而导致员工负担升高,并且会增加员工的家庭冲突。这两个观点的争议背后究竟有哪些更深层次的原因,有待后续研究进一步展开。

其次,针对员工工作投入状态的影响因素大致可以分为工作资源与工作要求两个部分。从工作资源来看,能够促进员工工作投入的资源分为个体资源、关系资源与工作资源三种形式。个体资源包含员工特质(如大五人格)、情感情绪(如积极情绪)、个人精力(如睡眠质量)、工作知识与经历(如角色清晰度),这些因素会直接为员工的工作投入提供动力,进而取得更高的绩效。而团队关系也会影响员工的工作投入状态。例如,领导的正直、变革领导力、真实型领导与领导下属交换质量均能够使得员工感知来自领导的鼓励与关怀,从而具备较高的自我效能感与工作动机,进而促进工作投入。与此同时,员工与同事、员工与家庭的关系也能够起到类似的作用,如感知同事支持、工作家庭关系等均能促进员工的工作投入。工作资源则主要是来自员工岗位与组织行动的行动资源,如员工的感知工作控制、工作计划自主性,企业的健康促进计划、培训项目均会有效补充员工在工作过程中损耗的资源,从而推进员工的工作投入[261]。从工作要求来看,目前主要的文献主要集中在工作压力视角与资源视角。学者们认为工作过程中的具体要求会对员工造成压力,损耗员工资源水平进而导致员工的工作投入水平降低。例如,有研究表明,员工的绩效压力与工作过载会导致员工产生工作不安全感与自我损耗,进而降低工作投入水平。再如,领导的辱虐行为也会损耗员工的工作资源,导致员工的情绪失调,进而导致低水平的工作投入。

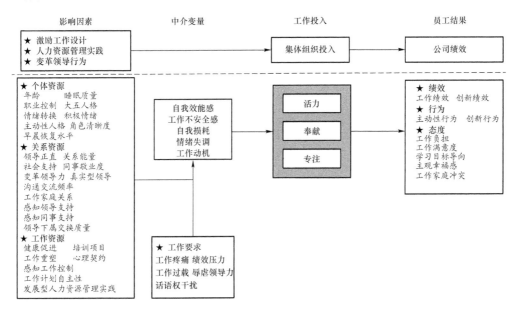

图 7.2 工作投入视角常用机制总结

最后,除了关注个体层次的工作投入水平外,最新的研究开始关注工作团队乃至组织整体的工作投入结果及其后果。研究者发现,公司团队成员的集体工作投入对公司绩效具有积极影响。而集体组织投入的影响因素与企业政策紧密相关。已有文献指出,公司的激励工作设计、人力资源管理实践、高层的变革领导行为均会推动组织层次的工作投入[273]。总的来看,新的研究取向摆脱了个体层次研究的固有框架,开辟了新的研究路线,但仍旧有待进一步发展。第一,已有研究虽然已经证明了团队乃至组织层次的工作投入对于绩效提升的有效性,但是这依旧是一个机制黑箱,有待后续研究能够剖析二者的具体机制与作用边界。第二,在团队与组织层次的影响因素上,相关研究仍旧停留在对固有模式的有效性检验上,如对固有的人力资源管理实践类型有效性进行检验,却缺乏有针对性的系统构建与对策研究。第三,目前虽然有部分研究涉及团队与组织层面对个体工作投入的影响,但两个层次的融合还相对缺乏,有待进一步深入研究。

综上所述,员工工作投入作为工作场所研究的一个重要议题饱受学者关注。而在工作投入的成因及机制的已有研究基础上,该议题出现了新趋势、新方向,有待后续研究进一步展开。

7.2 理论模型与假设发展

在回顾了工作投入的相关研究后,本小节基于工作投入视角剖析了工匠精神各个维度对员工主动性行为的影响。

7.2.1 工匠精神对员工活力的影响

员工活力是指员工在工作过程中保持工作激情与能量的积极精神状态。本研究认为,工匠精神作为员工稳定的价值观会提高员工的活力,主要理由如下。首先,工匠精神作为一种积极个体特质能给员工注入活力。已有研究表明,员工活力存在个体差异,而个体特质恰恰是影响员工活力的重要因素。工匠精神作为员工的稳定价值观会对员工的工作状态产生直接影响,具有工匠精神的员工会在进行工作任务尤其是探索性活动过程中表现出更高的活力水平。其次,工匠型员工有明确的目标感与方向感。在工作过程中,员工往往会因面临复杂的环境迷失努力方向而难以适从。具有工匠精神的员工则非常明确自己的努力方向,从而能够在目标趋近过程中表现出积极的工作状态。最后,工匠型员工在工作过程中具有较高的控制感。工作情境中的各种压力源会使得员工产生工作倦怠感从而丧失工作活力,而工匠型员工通常能够在工作过程中保持较高的控制感,有力地应对各种压力源对自身的干扰,因此会具有更高的活力水平[274]。

工匠精神会提高员工活力,同时各个维度对员工活力的影响存在差异。具体而言,员工的精益求精使得员工在对工作技能的探索过程中保持活力,而笃定执着则意味着员工在经历任务挑战乃至挫折时依旧能够保持积极的工作激情。员工对工作责任的积极承担与对自身成长的重视能够使得员工具有目标感,从而保持工作能量饱满的状态。此外,员工对声誉的珍视使得员工能够更好地感知到关系资源的输入,从而维持自身的工作活力。各种因素的叠加使得工匠精神能提高员工的工作活力。

综上所述,本研究提出以下假设:

假设 7.1a:精益求精与员工活力存在正向关系。

假设 7.1b:笃定执着与员工活力存在正向关系。

假设 7.1c:责任担当与员工活力存在正向关系。

假设 7.1d:个人成长与员工活力存在正向关系。

假设 7.1e:珍视声誉与员工活力存在正向关系。

7.2.2 工匠精神对员工奉献的影响

员工奉献是指员工在工作过程中富有热情,并为自己的工作感到自豪。本研究认为,工匠精神会提高员工奉献,主要理由如下。首先,工匠型员工拥有工作自豪感。对自己的工作感到骄傲是员工奉献的重要表现之一,而员工的工匠精神代表了自身积极的工作价值观,会赋予员工积极的工作信念[275]。因此,具有工匠精神的员工往往会在工作过程中寻找到意义,并产生较高的自豪感。其次,工匠精神使得员工产生对工作的挑战性感知。工匠型员工将工作过程视为提升自己、不断成长的发展过程,因此他们会将工作任务视为对自己的挑战,从而产生了勇气与斗志。最后,工匠精神会增强员工的内在动机。员工奉献表现为员工内生的工作动机,而具有工匠精神的员工通常具有更高的内部动机[276]。他们更加容易被自身的目标而非外部的激励手段所驱动,因此会出现较高水平的奉献状态。

工匠精神会提高员工奉献水平,同时各个维度对员工奉献水平的影响存在差异。具体而言:精益求精会使得员工注重对技艺的追求,并产生工作自豪感;而笃定执着与责任担当是员工韧性和责任心的表现,两者均会使得员工产生较高的自我效能,从而更加容易感受到工作的意义;个人成长意味着员工以自身的长期发展为主要导向,能够有效感知到工作的方向感与乐趣;此外,员工对于声誉的珍视使得员工能够通过外部激励感受到自身工作的意义,从而出现较高的奉献水平。

综上所述,本研究提出以下假设:

假设 7.2a:精益求精与员工奉献存在正向关系。

假设 7.2b:笃定执着与员工奉献存在正向关系。

假设 7.2c:责任担当与员工奉献存在正向关系。

假设 7.2d:个人成长与员工奉献存在正向关系。

假设 7.2e:珍视声誉与员工奉献存在正向关系。

7.2.3　工匠精神对员工专注的影响

员工专注是指员工在工作过程中全神贯注的一种沉浸状态。本研究认为,工匠精神会提高员工专注,主要理由如下。首先,工匠精神使得员工具有较强的目标感与方向感。工匠精神使得员工偏好追求技能的突破与能力的成长,这种明确的目标导向使得员工的行动线索非常清晰。因此,此时员工会专注于自身的工作过程以不断达到自身追求的目标[277]。其次,工匠精神使得员工关注工作过程且心无旁骛。工匠精神使得员工表现出工作过程导向而非工作结果导向、长期绩效导向而非短期激励导向,这样的目标倾向会使得员工将自己的注意力放在工作过程本身上,从而产生了工作沉浸状态。最后,工匠精神使得员工具有较高的工作专注动力。员工在较长时间维持专注状态,往往会感觉枯燥乏味,最终难以有效维持专注。而工匠精神则使得员工能够产生内生的专注动力,有效维持这一状态[278]。

工匠精神会提高员工专注,同时各个维度对员工专注的影响存在差异。具体而言:精益求精意味着员工在工作任务完善过程中的专注;而笃定执着则是员工经历挑战后的一种专注状态;责任担当是指员工感知自身对组织的义务,而个人成长则是指员工关注自身的工作目标,因此二者既为员工的专注提供了努力方向,又为员工的专注提供了工作动力;而就员工珍视声誉而言,这表明外部的精神激励(如同事与顾客的赞叹)能够直接作用于员工的精神状态,从而有效补充员工工作过程中的资源损耗,进而展现出更高的专注水平。

综上所述,本研究提出以下假设:

假设7.3a:精益求精与员工专注存在正向关系。

假设7.3b:笃定执着与员工专注存在正向关系。

假设7.3c:责任担当与员工专注存在正向关系。

假设7.3d:个人成长与员工专注存在正向关系。

假设7.3e:珍视声誉与员工专注存在正向关系。

7.2.4　工作投入对战略扫描的影响

主动性行为是指员工在工作过程中主动关注团队任务及状态,并积极做出改进的系列行为,具体包括战略扫描、反馈寻求与问题防患。本研究认为,员工的工作投入会提高员工的战略扫描。具体来看,首先,员工活力会提高战略扫描行为。当员工具有较高的工作活力时,便会对团队的发展情况予以足够关注。而组织战略是团队发展的重要方向,因此具有较高活力的员工会对此予以积极关注,给出可能的建议。其次,员工奉献会提高战略扫描行为。员工奉献意味着员工对工作充满激情,且认为自己的工作内容具有重要意义。在这种情况下,员工会更加积极地关注团队的发展方向,积极为整体发展思路建言献策。最后,员工专注会促进战略扫描行为。当员工对工作内容具有较高水平的投入时,便会提高对组织发展方向的关注度,从而对工作战略实践做出评估与建议。因此,工作投入会促进员工的战略扫描行为,但同时各个维度对其的影响存在差异。

综上所述,本研究提出以下假设:

假设 7.4a:员工活力与战略扫描存在正向关系。

假设 7.4b:员工奉献与战略扫描存在正向关系。

假设 7.4c:员工专注与战略扫描存在正向关系。

7.2.5　工作投入对反馈寻求的影响

本研究认为,员工工作投入会提高员工的反馈寻求行为。具体来看,首先,员工活力会提高反馈寻求行为。员工进行反馈寻求需要花费较多的时间与精力,因此,这个过程需要员工具有较高的资源水平。员工活力恰恰是员工拥有资源的表现,具有活力的员工有比较充沛的工作能量得以主动进行反馈寻求行为。其次,员工奉献会提高反馈寻求行为。当员工在工作过程中具有较高的自豪感时,便会更加积极地反思自身,寻找自己与目标的差距,进而做出改进。而反馈寻求行为恰恰是实现这一目的的有力手段。员工能够通过他人的反馈认识到自己或者团队的不足之处,进而采取更具针对性的改进措施。最后,员工专注会促进反馈寻求行为。他人的反馈在对员工有利的同时也可能伴随着批评,这种负面反馈会挫伤员工的积极性。而具有专注状态的员工自身的关注点与注意力都集中在工作内容上,反而对其余因素的关注度较低。处于专注状态的员工没有担忧负面反馈的心理顾虑,能够更加积极地进行反馈寻求行为。因此,本研究认为,工作投入会提高员工的反馈寻求行为,但各个维度的影响存在差别。

综上所述,本研究提出以下假设:

假设 7.5a:员工活力与反馈寻求存在正向关系。

假设 7.5b:员工奉献与反馈寻求存在正向关系。

假设 7.5c:员工专注与反馈寻求存在正向关系。

7.2.6　工作投入对问题防患的影响

本研究认为,员工的工作投入会提高员工的问题防患行为。具体来看,首先,员工活力会提高问题防患行为。问题防患行为包括对既有问题的反思、经验总结与未来防患,这个过程需要占用员工原本的工作资源。而具有活力的员工个体资源充沛,在面对这种额外的工作负担时也能够较好地适应[279]。其次,具有奉献状态的员工往往具有较高的自我效能感与内在动机,这会促使员工更加积极主动地反思团队与自身在工作中的过失,进而总结经验以运用到未来的工作过程中,提高问题防患水平。最后,员工专注会促进问题防患行为的产生。员工专注于自身的工作状态时,便会力图使得自身与团队取得更好的发展。而问题防患行为便是一个有效的途径,员工通过对经验教训的总结采取对未来风险的预防措施,能够使得员工与团队均获得成长。因此,员工工作投入会增加员工的问题防患行为,但各个维度的影响存在差异。

综上所述,本研究提出以下假设:

假设7.6a:员工活力与问题防患存在正向关系。

假设7.6b:员工奉献与问题防患存在正向关系。

假设7.6c:员工专注与问题防患存在正向关系。

基于本章假设提出工作投入视角下工匠精神影响机制理论模型,如图7.3所示。

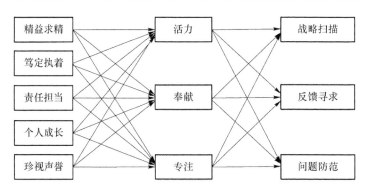

图7.3 工作投入视角下工匠精神影响机制理论模型

7.3 数据分析结果

7.3.1 描述性统计

本研究收集的407份有效问卷中,被调查者年龄主要集中在18到30周岁,占比为83.3%,31到40周岁的占15.6%,41到50周岁的占0.2%。被调查者与其当前直接上级管理者共同完成工作任务的年限在1年及以下的占比为43.6%,2年到4年的占46.5%,5年到7年的占6.3%,8年到10年的占1.0%,10年以上的占1.5%。被调查者的工作年限在1年以下的占15.3%,2年到4年的占46.5%,5年到7年的占23.6%,8年到10年的占8.3%,11年到20年的占4.4%,20年以上的占0.7%。

表7.1统计了参与假设检验的各因子及其测量项的均值、标准差。

表7.1 变量及其测量项的描述性统计

变量名	均值	标准差	变量名	均值	标准差
工匠精神	4.10	0.41	活力	3.83	0.64
个人成长	4.15	0.52	weg1	3.82	0.75
C1	4.11	0.69	weg2	3.77	0.74
C2	4.09	0.63	weg3	3.90	0.69
C3	4.19	0.55	奉献	3.57	0.86
C4	4.23	0.62	weg4	3.81	0.84
责任担当	4.35	0.51	weg5	3.51	1.06
C5	4.35	0.61	weg6	3.41	1.12
C6	4.39	0.62	专注	3.74	0.74
C7	4.34	0.64	weg7	3.77	0.89
C8	4.32	0.65	weg8	3.76	0.81
笃定执着	3.68	0.73	weg9	3.68	0.86
C9	3.80	0.81	战略扫描	3.99	0.64
C10	3.35	1.06	StrS1	3.59	0.99
C11	3.66	0.91	StrS2	3.60	0.98
C12	3.91	0.89	StrS3	3.61	1.03
精益求精	4.15	0.47	反馈寻求	3.33	1.06
C13	4.22	0.61	feeI1	3.41	1.09
C14	4.28	0.59	feeI2	3.40	1.17
C15	4.09	0.62	feeI3	3.18	1.30
C16	4.00	0.65	问题防范	3.60	0.86
珍视声誉	4.15	0.56	proP1	3.71	0.98
C17	4.19	0.64	proP2	4.13	0.73
C18	4.15	0.75	proP3	4.13	0.80
C19	4.06	0.74			
C20	4.20	0.73			

7.3.2 信度检验

分别分析参与假设检验的所有因子的研究量表测量项的克隆巴赫α系数,结果如表7.2所示。

表7.2中各变量的系数值,除"问题防范"外,均大于0.7,研究量表具有足够的信度。其中:考查工匠精神的五个维度的系数分别为0.86、0.84、0.80、0.76、0.79,这五个维度在共同考查工匠精神时,信度系数为0.89,均达到高信度;另外,活力、奉献、专注、战略扫描、反馈寻求的信度系数分别为0.85、0.80、0.83、0.83、0.87,均达到较高信度。

表7.2 克隆巴赫α信度分析

变量	α系数	变量	α系数
工匠精神	0.89	活力	0.85
个人成长	0.86	奉献	0.80
责任担当	0.84	专注	0.83
笃定执着	0.80	战略扫描	0.83
精益求精	0.76	反馈寻求	0.87
珍视声誉	0.79	问题防范	0.62

7.3.3 效度检验

利用Amos23.0,根据前文提出的理论模型构建结构方程模型,并进行验证性因子分析,整体拟合系数结果如表7.3所示。

表7.3 整体拟合系数

卡方值	自由度	卡方自由度比值	TLI	CFI	RMSEA
1 298.62	610	2.12	0.90	0.91	0.05

模型的卡方自由度比值为2.12,小于3;TLI、CFI等指标均在0.9左右,说明模型与数据高度拟合;RMSEA为0.05,小于0.10。所以总体而言,卡方自由度比值、RMSEA两个较为重要的指标远小于标准边界,TLI和CFI等指标均达到较高水平,该模型的拟合结果较好。

(1) **聚合效度分析** 在验证了模型的拟合效度达标之后,需要对研究量表进行聚合效度分析,检验模型中因子的测量项的聚合程度,即检验划入该因子的测量项是否能够准确地考查该因子。

分析参与假设检验的各因子的量表测量项后,聚合效度分析的结果如表 7.4 所示。其中,个人成长(AVE=0.61,CR=0.86)、责任担当(AVE=0.56,CR=0.84)、笃定执着(AVE=0.51,CR=0.80)、活力(AVE=0.65,CR=0.85)、奉献(AVE=0.57,CR=0.80)、专注(AVE=0.63,CR=0.84)、战略扫描(AVE=0.61,CR=0.83)、反馈寻求(AVE=0.71,CR=0.88)聚合效度较好,AVE 指标均在 0.50 以上且 CR 指标均大于 0.70;精益求精(AVE=0.45,CR=0.77)、珍视声誉(AVE=0.49,CR=0.79)的 AVE 均在 0.40 以上,CR 均大于 0.70,所以聚合效度均可被接受;问题防范(AVE=0.38,CR=0.65)的 AVE、CR 值较低,说明该因子在聚合效度上表现得不够好,对结果有一定程度的影响但对模型的整体影响有限。分析结果表明,本研究的量表数据具有足够的聚合效度。

表 7.4 模型标准载荷系数、AVE 和 CR 指标结果

变量名	测量项	标准载荷系数	AVE	CR	变量名	测量项	标准载荷系数	AVE	CR
个人成长	C1	0.76	0.61	0.86	活力	weg1	0.83	0.65	0.85
	C2	0.74				weg2	0.82		
	C3	0.79				weg3	0.77		
	C4	0.82			奉献	weg4	0.78	0.57	0.80
责任担当	C5	0.76	0.56	0.84		weg5	0.72		
	C6	0.8				weg6	0.76		
	C7	0.73			专注	weg7	0.78	0.63	0.84
	C8	0.71				weg8	0.86		
笃定执着	C9	0.6	0.51	0.80		weg9	0.74		
	C10	0.78			战略扫描	StrS1	0.79	0.61	0.83
	C11	0.78				StrS2	0.82		
	C12	0.68				StrS3	0.74		
精益求精	C13	0.73	0.45	0.77	反馈寻求	feeI1	0.86	0.71	0.88
	C14	0.77				feeI2	0.88		
	C15	0.61				feeI3	0.79		
	C16	0.56			问题防范	proP1	0.61	0.38	0.65
珍视声誉	C17	0.74	0.49	0.79		proP2	0.67		
	C18	0.74				proP3	0.57		
	C19	0.6							
	C20	0.72							

（2）**区分效度分析**　将聚合效度分析中的AVE值的平方根与因子的相关系数组成矩阵，如表7.5所示，将各因子的AVE根值排列在矩阵的对角线上。其中：精益求精的AVE根值为0.67，大于其与任何因子之间的相关系数；笃定执着的AVE根值为0.71，同样大于其与任何因子之间的相关系数。类似地，可以发现表7.5中所有因子的AVE根值均大于其与别的因子之间的相关系数。

上述结果表明该模型具有足够的区分效度。

表7.5　区分效度：Pearson相关与AVE根值

变量	变量										
	精益求精	笃定执着	责任担当	个人成长	珍视声誉	活力	奉献	专注	战略扫描	反馈寻求	问题防范
精益求精	0.67										
笃定执着	0.37	0.71									
责任担当	0.62	0.21	0.75								
个人成长	0.63	0.23	0.70	0.78							
珍视声誉	0.46	0.31	0.45	0.35	0.70						
活力	0.46	0.50	0.31	0.40	0.34	0.81					
奉献	0.34	0.59	0.21	0.23	0.32	0.69	0.75				
专注	0.40	0.49	0.26	0.32	0.30	0.70	0.74	0.79			
战略扫描	0.17	0.37	−0.03	0.02	0.10	0.31	0.40	0.33	0.78		
反馈寻求	0.08	0.36	−0.06	−0.06	0.11	0.24	0.38	0.26	0.70	0.84	
问题防范	0.22	0.21	0.16	0.16	0.09	0.23	0.24	0.22	0.52	0.36	0.62

注：对角线上为各变量的AVE根值。

7.3.4　共同方法偏差检验

本研究采用自我报告数据，因此可能存在共同方法偏差问题，所以在根据研究结果进一步得出结论前，有必要检验数据是否存在共同方法偏差。

为初步判断数据的共同方法偏差情况是否严重，对收集的数据采用Harman单因子检验进行共同方法偏差的检验，表7.6列出了未旋转的探索性因子分析结果中特征根大于1的因子。

表 7.6 共同方法偏差检验:总方差解释

成分	初始特征值		
	总计	方差百分比(%)	累积(%)
1	10.58	27.83	27.83
2	5.53	14.55	42.39
3	2.55	6.71	49.10
4	1.90	5.00	54.09
5	1.48	3.90	57.99
6	1.30	3.42	61.41
7	1.09	2.88	64.29

通常认为若在 Harman 单因子检验中,存在不止一个因子的特征根大于1,且其中最大的因子方差解释度低于40%,则认为样本中不存在严重的共同方法偏差。表7.6中特征根大于1的因子数量为7,其中最大的因子方差解释度为27.83%,低于常用的临界标准40%,初步认为本样本中不存在严重的共同方法偏差。

接下来采用在原模型中加入共同方法因子的验证性因子分析,旨在观察共同方法因子在模型中的作用强度,并进一步分析研究量表数据的准确性。

研究中设不含共同方法因子的模型为模型1,设加入共同方法因子的模型为模型2,并分别分析二者的拟合指标,结果如表7.7所示。

表 7.7 共同方法偏差检验:模型拟合系数

		卡方值	自由度	卡方自由度比值	TLI	CFI	RMSEA
模型 1	不含共同方法因子	1 298.62	610	2.12	0.90	0.91	0.05
模型 2	含共同方法因子	1 073.68	572	1.88	0.92	0.93	0.05

结果显示:模型1中的卡方自由度比值为2.12,模型2中的卡方自由度比值为1.88,加入共同方法因子后,卡方自由度比值下降0.24;模型1的TLI为0.90,模型2的TLI为0.92,加入共同方法因子后,TLI增大了0.02,变化较小;模型1的CFI为0.91,模型2的CFI为0.93,加入共同方法因子后,CFI增加了0.02;模型1的RMSEA为0.05,模型2的RMSEA也为0.05,加入共同方法因子后RMSEA几乎没有发生变化。总体看来,加入共同方法因子后,模型的拟合指标没有得到显著提升,说明相对于原模型,共同方法因子不能显著地改善模型。这也表明数据中的共同方法偏差对拟合结果的影响不显著。

综上,所收集的数据不存在显著的共同方法偏差。在共同方法偏差影响不显著的情况下得到的结论是可以被接受的。

7.3.5 相关性分析

根据收集到的数据,各变量的相关系数如表 7.8 所示。活力与精益求精($r=0.46$, $p<0.01$)、笃定执着($r=0.50$, $p<0.01$)、责任担当($r=0.31$, $p<0.01$)、个人成长($r=0.40$, $p<0.01$)、珍视声誉($r=0.34$, $p<0.01$)均显著正相关,说明在变量两两之间的相关性检验中,工匠精神的五个内涵与员工的工作活力正相关。奉献与精益求精($r=0.34$, $p<0.01$)、笃定执着($r=0.59$, $p<0.01$)、责任担当($r=0.21$, $p<0.01$)、个人成长($r=0.23$, $p<0.01$)、珍视声誉($r=0.32$, $p<0.01$)均显著正相关,说明工匠精神的五个内涵与员工对工作的奉献程度正相关。专注与精益求精($r=0.40$, $p<0.01$)、笃定执着($r=0.49$, $p<0.01$)、责任担当($r=0.26$, $p<0.01$)、个人成长($r=0.32$, $p<0.01$)、珍视声誉($r=0.30$, $p<0.01$)均显著正相关,说明工匠精神的五个内涵与员工对工作的专注程度正相关。

战略扫描行为与工匠精神部分维度的相关性显著,与精益求精($r=0.17$, $p<0.01$)、笃定执着($r=0.37$, $p<0.01$)、珍视声誉($r=0.10$, $p<0.05$)均呈明显的正相关;同时与活力($r=0.31$, $p<0.01$)、奉献($r=0.40$, $p<0.01$)和专注($r=0.33$, $p<0.01$)存在显著的正相关。反馈寻求行为与工匠精神部分维度的相关性显著,与笃定执着($r=0.36$, $p<0.01$)、珍视声誉($r=0.11$, $p<0.05$)均呈明显的正相关;同时与活力($r=0.24$, $p<0.01$)、奉献($r=0.38$, $p<0.01$)和专注($r=0.26$, $p<0.01$)存在显著的正相关。问题防范行为与工匠精神五个维度的相关性均显著,与精益求精($r=0.22$, $p<0.01$)、笃定执着($r=0.21$, $p<0.01$)、责任担当($r=0.16$, $p<0.01$)、个人成长($r=0.16$, $p<0.01$)、珍视声誉($r=0.09$, $p<0.10$)均呈明显的正相关;同时与活力($r=0.23$, $p<0.01$)、奉献($r=0.24$, $p<0.01$)和专注($r=0.22$, $p<0.01$)存在显著的相关性。

表 7.8 相关性分析

变量	变量					
	精益求精	笃定执着	责任担当	个人成长	珍视声誉	活力
精益求精	1					
笃定执着	0.37***	1				
责任担当	0.62***	0.21***	1			

续表

变量	变量					
	精益求精	笃定执着	责任担当	个人成长	珍视声誉	活力
个人成长	0.63***	0.23***	0.70***	1		
珍视声誉	0.46***	0.31***	0.45***	0.35***	1	
活力	0.46***	0.50***	0.31***	0.40***	0.34***	1
奉献	0.34***	0.59***	0.21***	0.23***	0.32***	0.69***
专注	0.40***	0.49***	0.26***	0.32***	0.30***	0.70***
战略扫描	0.17***	0.37***	−0.03	0.02	0.10**	0.31***
反馈寻求	0.08	0.36***	−0.06	−0.06	0.11**	0.24***
问题防范	0.22***	0.21***	0.16***	0.16***	0.09*	0.23***

变量	变量				
	奉献	专注	战略扫描	反馈寻求	问题防范
奉献	1				
专注	0.74***	1			
战略扫描	0.40***	0.33***	1		
反馈寻求	0.38***	0.26***	0.70***	1	
问题防范	0.24***	0.22***	0.52***	0.36***	1

注：*** 表示在 0.01 级别（双尾），相关性显著；** 表示在 0.05 级别（双尾），相关性显著；* 表示在 0.10 级别（双尾），相关性显著。

7.3.6 结构方程模型分析

相关性分析仅围绕变量的数值间是否两两相关来展开，但变量的数值是所有变量作用的最终结果，仅凭相关性分析会忽略多个变量之间的相互作用，虽然这可以在一定程度上反映变量之间的关系，但难以解释变量之间的作用过程。结构方程模型可以反映变量之间影响的大小及方向。通过构建结构方程模型，可以计算出各变量之间的路径系数，进一步理清变量互相作用的过程。

将参与假设检验的 11 个变量（精益求精、笃定执着、责任担当、个人成长、珍视声誉、活力、奉献、专注、战略扫描、反馈寻求、问题防范）构建结构方程模型，并计算路径系数。最终，标准化路径系数如图 7.4 所示。

图 7.4 中，工匠精神的部分内涵对活力、奉献、专注存在显著的影响。其中，个人成长对活力的影响系数为 0.36（$p<0.01$），责任担当对活力的影响系数为 −0.27（$p<0.05$），笃定执着对活力的影响系数为 0.44（$p<0.01$），珍视声誉对活力的影响系数为

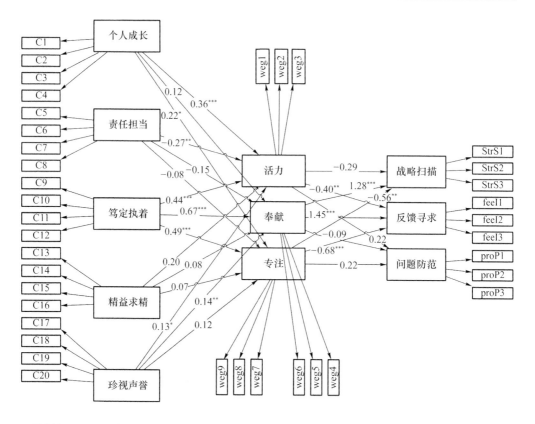

样本量(N)=385；* 表示在 0.1 水平显著(双尾)；** 表示在 0.05 水平显著(双尾)；*** 表示在 0.01 水平显著(双尾)

图 7.4 结构方程模型结果(工匠精神分五个维度)

0.13($p<0.10$),这说明拥有工匠精神的员工在提升职业素养、坚持自己的事业或追求工作威望的过程中,工作活力也会越来越充足;但是如果对产品或服务的责任感越重,工作活力反而会受到负面影响。笃定执着对奉献的影响系数为 0.67($p<0.01$),珍视声誉对奉献的影响系数为 0.14($p<0.05$),这说明拥有工匠精神的员工在坚守事业或追求工作威望的过程中,会越来越愿意为工作做出奉献。个人成长对专注的影响系数为 0.22($p<0.10$),笃定执着对专注的影响系数为 0.49($p<0.01$),这说明拥有工匠精神的员工在提升职业素养、坚守事业的过程中,对工作的态度也会越来越专注。

活力会负向影响反馈寻求行为,其对反馈寻求的影响系数为 -0.40($p<0.05$),即工作活力越强,越容易忽视工作结果的反馈。奉献对战略扫描和反馈寻求的行为也有显著的正向影响,这说明员工对工作的奉献程度越高越能积极采取战略扫描措施,并寻求工作结果的反馈。与之相反,专注对战略扫描和反馈寻求的行为有显著的负向影响,这说明员工对工作的专注程度越高,对采取战略扫描措施和寻求工作反馈的态

度也就越消极。对于问题防范行为,工作中的活力、奉献和专注对其都没有显著的影响。

为了观察工匠精神对活力、奉献、专注的整体影响,将精益求精、笃定执着、责任担当、个人成长、珍视声誉的简单平均值作为考查工匠精神的指标(图7.5)。根据信度分析,该过程中的克隆巴赫α系数值为0.89,所以认为它们的均值能较好地反映工匠精神。

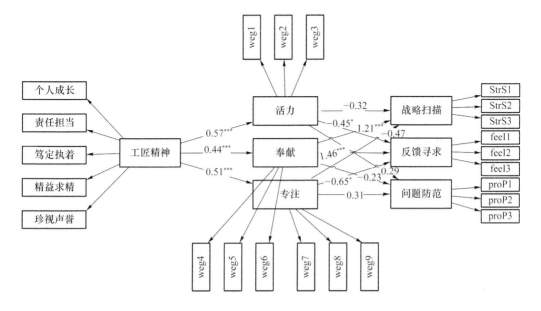

样本量(N)=385;* 表示在0.1水平显著(双尾);** 表示在0.05水平显著(双尾);*** 表示在0.01水平显著(双尾)

图7.5 结构方程模型结果(工匠精神单一维度)

如图7.5所示,通过构建结构方程模型,可以看到工匠精神对活力、奉献、专注均有显著的正向影响,影响系数分别为0.57($p<0.01$)、0.44($p<0.01$)和0.51($p<0.01$)。

另外,将工匠精神的综合指标作为因子构建结构方程模型后,除了工匠精神对活力、奉献、专注的影响发生了变化,其他部分的变化较小。图7.5中活力、奉献、专注对战略扫描、反馈寻求和问题防范的影响系数的变化量,除了奉献对问题防范的影响系数的变化量大于0.1(为0.14)以外,其余均小于0.1。与图7.4中的结果相比,专注对战略扫描的影响的显著性变差,这可能是由于两个模型对数据的拟合程度不同。

进一步分析两个模型的拟合系数,如表7.9所示。第一个模型的卡方自由度比值CMIN/DF为2.11,小于3,另外TLI、CFI等拟合数据均大于0.90,RMSEA为0.05,小于0.10,认为该模型拟合效果较好,结果较可信。第二个模型的卡方自由度比值CMIN/DF为3.38,超过了3,另外TLI、CFI等拟合数据均在0.90周围,RMSEA为0.08,小于0.10,认为该模型拟合效果不好,所以对于专注对战略扫描的影响,第一个模型的结果更加可靠。

表 7.9 模型拟合系数

	卡方值	自由度	卡方自由度比值	TLI	CFI	RMSEA
第一个模型	1 320.05	625	2.11	0.90	0.91	0.05
第二个模型	716.03	212	3.38	0.90	0.88	0.08

总体而言,工匠精神对活力、奉献、专注既有正向影响也有负向影响,且总体看来正向影响远大于负向影响。另外,活力主要对反馈寻求起负向作用;奉献主要对战略扫描、反馈寻求起正向作用;专注主要对战略扫描、反馈寻求起负向作用。

7.3.7 间接效应检验

为了更深入地探究在工作投入视角下,工匠精神对战略扫描、反馈寻求、问题防范的作用过程,接下来采用 Bootstrap 分析(20 000 次取样)检验单条路径所产生的间接效应。

表 7.10 间接效应显著性检验的 Bootstrap 分析

路径	标准化效应值	95%置信区间	
		下限	上限
工匠精神→活力→战略扫描	0.072	−0.125	0.671
工匠精神→奉献→战略扫描	0.104	0.037	0.208
工匠精神→专注→战略扫描	0.010	−0.026	0.061
间接效应	0.477	0.318	0.671
直接效应	−0.061	−0.310	0.189
工匠精神→活力→反馈寻求	0.003	−0.239	0.254
工匠精神→奉献→反馈寻求	0.157	0.060	0.305
工匠精神→专注→反馈寻求	−0.008	−0.064	0.041
间接效应	0.496	0.277	0.749
直接效应	−0.128	−0.436	0.181
工匠精神→活力→问题防范	0.061	−0.085	0.209
工匠精神→奉献→问题防范	0.023	−0.014	0.085
工匠精神→专注→问题防范	0.006	−0.017	0.041
间接效应	0.172	0.065	0.287
直接效应	0.190	−0.006	0.386

从表 7.10 可知,工匠精神通过奉献影响战略扫描行为,奉献在工匠精神与战略扫描行为之间的间接效应显著,但是工匠精神通过活力和专注对战略扫描的间接影响不显著。

另外,工匠精神通过奉献对反馈寻求存在显著影响,奉献在工匠精神与反馈寻求之间的间接效应显著,但是工匠精神通过活力和专注对反馈寻求行为的间接影响不显著。所以,我们认为工匠精神主要影响奉献,进而对战略扫描、反馈寻求等行为产生影响。

但无论是通过活力、奉献,还是专注,工匠精神对战略扫描、反馈寻求和问题防范等行为的间接效应均不显著。

7.4 结论与讨论

7.4.1 研究结论

根据前面的检验结果,本研究量表具有较好的信度和效度,因此认为研究模型中的因子测量是合理的,后续一系列分析的结果也是可信的。接下来,将从以下几个角度对研究结果展开讨论。

(1) 个人成长、责任担当、笃定执着、珍视声誉与工作中的活力

并非所有工匠精神的内涵对活力都有显著影响,其中个人成长、责任担当、笃定执着和珍视声誉对活力的影响较为显著,相比之下,精益求精的影响不显著。所以,可以得出以下结论。

结论 1:工匠精神作为多种价值观构成的系统,其五个内涵对活力的影响的方向和显著性不尽相同。

结论 2:工匠精神中,个人成长会正向影响活力,即拥有工匠精神的人越重视个人成长,其工作中的活力就越充足;责任担当会负向影响活力,即拥有工匠精神的人对工作越抱有责任感,其工作中的活力就越弱;笃定执着会正向影响活力,即拥有工匠精神的人对事业的坚持越坚定,其工作中的活力就越充足;珍视声誉会正向影响活力,即拥有工匠精神的人越重视工作威望,其工作中的活力就越充足。

(2) 个人成长、责任担当、笃定执着、珍视声誉与工作中的奉献

笃定执着和珍视声誉对活力的影响较为显著,而个人成长、责任担当、精益求精的

影响不显著。所以,可以得出以下结论。

结论3:工匠精神作为多种价值观构成的系统,其五个内涵对奉献的影响的显著性不尽相同。

结论4:工匠精神中,笃定执着会正向影响奉献,即拥有工匠精神的人对事业的坚持越坚定,其对工作的奉献程度就越高;珍视声誉会正向影响工作奉献,即拥有工匠精神的人越重视工作威望,其对工作的奉献程度就越高。

(3) 个人成长、责任担当、笃定执着、珍视声誉与工作中的专注

个人成长、笃定执着对专注的影响较为显著,而责任担当、精益求精和珍视声誉的影响不显著。所以,可以得出以下结论。

结论5:工匠精神作为多种价值观构成的系统,其五个内涵对专注的影响的显著性不尽相同。

结论6:工匠精神中,个人成长会正向影响专注,即拥有工匠精神的人越重视个人成长,其对工作的专注程度就越高;笃定执着会正向影响专注,即拥有工匠精神的人对事业的坚持越坚定,其对工作的专注程度就越高。

(4) 工匠精神与活力、奉献、专注

从总体来看,工匠精神对活力、奉献、专注均存在显著的正向影响,影响系数分别为 $0.57(p<0.01)$、$0.44(p<0.01)$、$0.51(p<0.01)$。因此,有以下结论。

结论7:工匠精神对活力有显著正向影响,即工匠精神越强烈,员工在工作中的活力就越充足;工匠精神对奉献有显著正向影响,即工匠精神越强烈,员工对工作的奉献程度就越高;工匠精神对专注有显著正向影响,即工匠精神越强烈,员工对工作的专注程度就越高。

(5) 工作中的奉献、专注与战略扫描

对比前面两个结构方程模型,第一个模型的整体拟合效果较好,故以下数据参考第一个结构方程模型。奉献和专注对战略扫描行为的影响均显著,也就是说,对工作的奉献程度和专注程度越高,员工的战略扫描行为也会越频繁。

结论8:工作中的战略扫描行为受奉献的正向影响,即对工作的奉献程度越高,员工的战略扫描行为就越频繁。

结论9:工作中的战略扫描行为受专注的正向影响,即对工作的专注程度越高,员工的战略扫描行为就越频繁。

(6) 工作中的活力、奉献、专注与反馈寻求

活力、奉献和专注对反馈寻求行为的影响均显著。也就是说,对工作的奉献程度越高,员工寻求工作反馈的行为也会越频繁;对工作的活力和专注程度越高,员工寻求

工作反馈的行为会越少。

结论10：工作中的反馈寻求行为受活力的负向影响，即对工作的活力越充足，员工的反馈寻求行为就越少。

结论11：工作中的反馈寻求行为受奉献的正向影响，即对工作的奉献程度越高，员工的反馈寻求行为就越频繁。

结论12：工作中的反馈寻求行为受专注的负向影响，即对工作的专注程度越高，员工的反馈寻求行为就越少。

（7）工作中的奉献与战略扫描和反馈寻求

通过前面的Bootstrap分析，我们发现奉献在工匠精神与战略扫描和反馈寻求之间均存在显著间接效应。因此，有以下结论。

结论13：奉献在工匠精神与战略扫描之间具有显著的正向间接效应，工匠精神通过影响奉献，进而正向影响战略扫描行为，即工匠精神越强烈，由于对工作的奉献程度的提升，战略扫描行为也会越频繁。

结论14：奉献在工匠精神与反馈寻求之间具有显著的正向间接效应，工匠精神通过影响奉献，进而正向影响反馈寻求行为，即工匠精神越强烈，由于对工作的奉献程度的提升，反馈寻求行为也会越频繁。

7.4.2 理论贡献与实践意义

本研究基于工作投入理论揭示了工匠精神对于员工绩效的影响，主要理论贡献与实践意义体现在以下几个方面。

首先，本研究给出了工匠精神对员工主动性行为影响的实质性证据。针对工匠精神的理论研究指出，工匠型员工会在工作过程中主动进行探索[280]。本研究基于对员工的问卷调查，检验了这一假设并得到了肯定的答案。这表明员工的工匠精神确实对工作主动性行为具有积极作用[281]。这不仅是对主动性行为研究的边际贡献，即发现了一种影响员工主动性行为的新个体特质，还验证了工匠精神的有用性，为后续研究的开展奠定了基础。

其次，本探究基于工作投入视角剖析了工匠精神对员工主动性行为的影响机制。基于工作投入视角，本研究认为工匠精神会促进员工的活力、奉献与投入，进而影响员工的战略扫描、反馈寻求与问题防患。而实证结果表明，员工的精益求精仅仅表现为员工在技能层面的追求，不会对员工的工作投入乃至主动性行为产生直接影响，而工匠精神其他维度对于主动性行为的影响也存在差异。这种维度间差异的明晰厘清了工匠精神影响员工主动性行为的具体路径,为员工工匠的情境性研究奠定了基础。

最后,本研究对管理者激发组织活力,提高员工积极性具有指导意义。在工作情境中,员工的主动性行为无论是对自身的工作成果还是团队的集体绩效均有重要意义。因此,如何激发员工的积极性,主动进行工作探索一直都是管理实践过程中的重要议题。本研究表明:具有工匠精神的员工通常表现出更高水平的主动性行为。因此,管理者在打造团队积极氛围时,应该注重培育员工的工匠精神;同时,应该创造合适的组织环境,激发工匠型员工的工作主动性,让其保持工作投入和探索的积极性。

第8章 调节聚焦视角下的工匠精神影响机制

员工的建言行为对于领导决策与团队发展具有重要意义。而工匠精神意味着员工对工作执着的态度。因此,具有工匠精神的员工会表现出更高水平的促进聚焦,从而更加积极地进行建言行为。本章将基于调节聚焦视角剖析工匠精神对员工建言行为的影响机制。为此,本章首先基于调节聚焦视角建立理论模型,随后利用问卷数据进行假设检验,最后对研究发现进行总结与讨论。

8.1 调节聚焦理论概述

8.1.1 理论核心机制

调节聚焦理论发源于自我差异理论。自我差异理论认为,个人包含现实自我、理想自我与应该自我三个方面。在这三种自我的导向下,个体会产生促进聚焦与防御聚焦两种聚焦方式。促进聚焦与进步、成就等个体提高需要相关。具有促进聚焦倾向的个体重视理想与抱负的实现,朝向理想、希望和愿景努力。而防御聚焦与安全需要紧密相关[282]。具有防御聚焦倾向的个体重视安全,注重履行责任和义务,对消极结果更加敏感。因此,促进聚焦的个体更加关注成功,而防御聚焦的个体更加关注损失。前者强调收益最大,因此这样的个体在生活中往往表现出迎难而上的韧性,但同时也更加容易出现冒险行为;后者强调损失最小,因此往往会表现出谨慎回撤的行为取向。

诸多研究表明,调节聚焦既是个体的特质又是个体的一种即时状态。就特质而言,无论是消费者还是员工均会在行动决策时表现出较为稳定的调节聚焦倾向。例如,促进聚焦型消费者更加容易接受新产品,也更加愿意尝试新的服务[283]。就状态而言,员工的调节聚焦状态会受具体情境的影响。在具体的社会线索影响下,即使同一个员工也会表现出不同的调节聚焦取向。例如,有研究发现,积极情绪会使得员工更多地展现出促进聚焦的行为。总的来看,调节聚焦理论基于动机角度对个体行为差异做出了解释,被广泛应用到各个行为科学领域中。

8.1.2　理论发展及其在工作场所研究中的应用

员工调节聚焦是员工行为的重要影响因素,对员工工作结果具有重要意义。本节将首先回顾员工调节聚焦已有文献的整体情况,随后再梳理员工调节聚焦研究的发展脉络。为此,我们在 Web of Science 的 SSCI 数据库中以"regulatory focus"为关键词进行检索,最终得到 2 432 篇文献。本研究利用 VOSviewer 对文献关键词进行分析,绘制了员工调节聚焦的文献图谱,如图 8.1 所示。

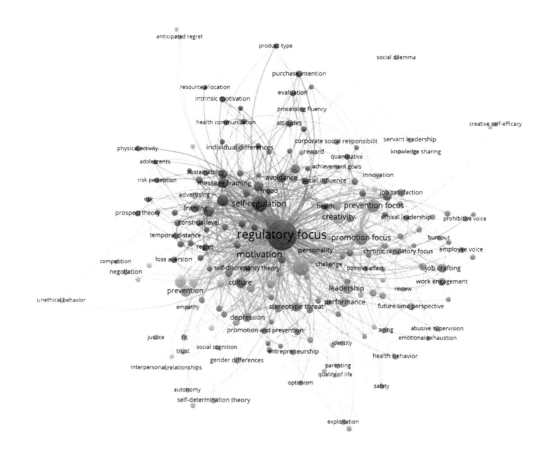

图 8.1　调节聚焦理论文献图谱

第8章 调节聚焦视角下的工匠精神影响机制

调节聚焦理论作为从注意力角度解释员工行为的重要理论,在应用心理学、消费者行为、高管决策、组织场所研究诸多领域中均有应用。具体而言,在应用心理学研究中,研究者通常将其用于对个体幸福感与积极行为个体差异的解释。例如,有研究发现,具有促进聚焦特质的个体通常比具有防御聚焦特质的个体具有更高水平的积极情感,并且更多地表现出主动帮助行为。而在负面条件的干预下,具有促进聚焦特质的个体往往表现出"迎难而上"的积极行为,而具有防御聚焦特质的个体则更多地表现出防御行为。在消费者行为研究中,研究者通常利用该理论探究消费者的认知框架与消费反应。例如,有研究指出,广告信息的聚焦倾向在不同的框架下产生的效果存在差异,促进聚焦信息以获益框架表达时说服力更强,防御聚焦信息以损失框架表达时说服力更强。而消费者自身的调节聚焦特质也会对消费决策、售后反悔等行为产生影响。在高管决策研究中,调节聚焦理论通常用于解释高管团队的战略举措。有学者指出,当公司CEO或者高管团队表现出更多的促进聚焦时,便会倾向于做出更加积极冒险的战略举措,如进行海外并购、拓展产品新市场等。在经济环境动荡与公司遭遇危机时,更具促进聚焦倾向的CEO或者高管团队具有更强的自信心并能带领组织取得更高的绩效。在工作场所研究中,调节聚焦理论也广泛用于领导力、员工创新、知识分享等议题中[284]。

调节聚焦理论从注意力聚焦的视角,很好地解释了为什么在同样的情境下,不同的个体会产生不同的心理与行为反应。因此,其在工作场所的研究中主要被运用于领导与员工行为的解释机制(图8.2)。从整个理论发展的过程来看,调节聚焦理论在工作场所研究中的应用经历了以下三个阶段。

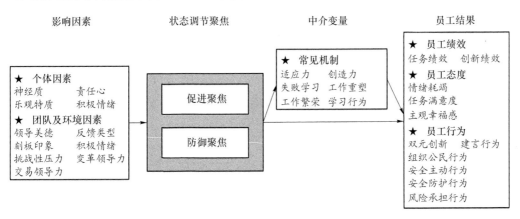

图8.2 调节聚焦理论常用机制总结

首先是理论构建与完善阶段。该阶段研究的主要形式表现为收集工作场所的问卷数据,对调节聚焦理论的主要假设进行建言。这一阶段的研究发现,在同样的工作环境或者社会线索下,调节聚焦具有差异的员工工作结果往往会发生较大的差异。例如:具有调节聚焦特质的员工面对工作压力往往更具有挑战精神,进而表现出更加积极地工作行为。而具有防御聚焦特质的员工在压力环境下往往会更加关注如何有效保存自身的资源、如何能够完成自己的"分内事"等。再如,具有促进聚焦的员工往往会表现出更加积极的冒险行为[285]。这些研究有效地明晰了促进聚焦与防御聚焦的作用机制及边界条件,为后续相关研究建立了两种聚焦形式的基本理论框架。

接着是理论阐释与应用阶段。在调节聚焦理论在工作场所中的有效性得到证实后,后续研究将其运用于领导力、员工创新等议题中。这一阶段对调节聚焦形式的结果进行了全面的剖析,使得既有的理论框架更加完善。而综合已有的证据来看:促进聚焦在大部分情境中都充当着积极的角色,诸多研究表明促进聚焦会表现出更高的绩效(如任务绩效)、更加积极的工作态度(如主观幸福感)、更加积极的工作行为(如建言行为)[286];而防御聚焦在诸多工作情景中充当着负面因素。举例来看,有研究发现促进聚焦会提升员工的工作繁荣,从而有效提升员工的工作绩效。其他研究则发现:员工的促进聚焦会提升他们的失败学习行为,进而推动员工双元创新的提升;而防御聚焦则在这种情况下起到了反作用[287]。当然,防御聚焦并非一直扮演着消极的角色,在某些压力情境下也会出现积极作用。例如,有研究发现,促进聚焦与防御聚焦均会提升员工的组织公民行为,虽然组织公民行为形式存在差异。再如,有研究表明,在员工安全压力感知的影响下,具有促进聚焦状态的员工会更加积极采取安全主动行为,而具有防御聚焦状态的员工则会偏向于安全防护行为。这些研究丰富了调节聚焦理论的解释机制,有效拓展了该理论的场景与边界。

而近年来,调节聚焦理论的研究进入了新的研究阶段,主要包括以下方面。第一,研究者们不再简单地将调节聚焦视为个体特质,而是将其延伸为个体的一种状态。这种研究取向在第二阶段已经有所体现,但在近些年的研究中展现得更为具体。在这样的理论认识下,调节聚焦的成因跳出了特质论的框架。之前的诸多研究指出,员工的责任心、神经质与乐观等诸多特质会影响员工的调节聚焦类型。但随着理论深度的增加,研究发现其他个体因素与环境因素也会引起员工调节聚焦状态的变化。例如:变革领导力会激发员工的促进聚焦状态,进而使得员工积极进行促进性组织公民行为;而交易领导力则会激发员工的防御聚焦状态,进而使得员工积极进行防御性组织公民行为。第二,近年来调节聚焦理论与其他理论之间出现了融合的趋势。调节聚焦理论作为动机理论的重要组成部分,逐渐与情绪情感、资源视角等方面的理论融合,以解决日益复杂的组织管理问题。第三,研究者们逐渐关注到调节聚焦状态的动态变化,即认为员工在连续工作日内展现出的调节聚焦状态会出现规律性变化,进而对员工心理与行为产生不同的影响。此外,防御聚焦的积极面也被学者们更多地发现。

8.2 理论模型与假设发展

8.2.1 工匠精神对促进聚焦的影响

促进聚焦使得个体关注目标的完成与理想的实现。当个体处于促进聚焦状态时,他们会更强调发展的需求,更在乎自己的理想,更强调行为结果的获取与否,对行为的正向结果更敏感。本研究认为,工匠精神会提高员工的促进聚焦,主要原因如下。首先,工匠精神作为一种积极的工作价值观会使员工产生积极工作状态。具有工匠精神的员工往往对工作非常重视,并且愿意投入时间与精力进行工作探索与完善。这种积极的工作价值观会使得员工具有比较饱满的工作状态,进而采取更加积极乐观的态度对待工作任务。其次,工匠精神具有发展导向与长期导向的工作目标。工匠型员工关注工作细节的完善,同时关注自身技能的培养[288]。这样的关注倾向会使得员工更加积极地关注工作目标,并寻求不断突破。与此同时,工匠型员工的长期导向使得员工的注意力不会放在短期绩效上,而更加关注长期工作目标的完成与自身追求的实现。最后,工匠精神为员工提供工作能量与工作动力。员工的促进聚焦及其行动实质上是资源消耗的过程,而工匠精神作为一种积极的个体特质会补充员工的精力损耗,使得员工得以维持促进聚焦的积极状态[289]。

工匠精神会提高员工的促进聚焦,但各个维度的影响过程存在差异。具体而言:员工的精益求精使得员工在工作技能上保持促进聚焦,不断追求新的高度;笃定执着是员工面对任务挑战表现出的韧性,这种韧性与坚持会维持员工的促进聚焦状态[290];而责任担当则是员工感知对工作与团队的义务,会使得员工以发展导向的观点对待工作过程;员工对个人成长的追求则与促进聚焦本身的内涵吻合,关注个人成长的员工会更加倾向于积极聚焦状态;此外,珍视声誉意味着员工会关注自身的社会评价,有可能出于对评价降低的恐惧而削弱自身的促进聚焦状态。

综上所述,本研究提出以下假设:

假设 8.1a:精益求精与促进聚焦存在正向关系。

假设 8.1b:笃定执着与促进聚焦存在正向关系。

假设 8.1c：责任担当与促进聚焦存在正向关系。
假设 8.1d：个人成长与促进聚焦存在正向关系。
假设 8.1e：珍视声誉与促进聚焦存在负向关系。

8.2.2 工匠精神对防御聚焦的影响

防御聚焦与安全需要紧密相关。具有防御聚焦倾向的个体重视安全，注重履行责任和义务，对消极结果更加敏感，关注是否损失。他们追求目标的过程就是避免损失的过程。本研究认为，工匠精神会削弱员工的防御聚焦[291]。首先，工匠精神作为一种积极价值观会削弱员工的负面工作状态。工匠精神作为员工一种具有较高工作追求的价值观，会使得员工以更加积极地心态看待工作任务。而防御聚焦通常与安全感知联系起来，是一种个体偏消极的工作状态。因此，工匠型员工会具有更低的防御聚焦倾向。其次，工匠精神更加积极的过程导向会削弱员工的防御聚焦状态。具有工匠精神的员工更加关注工作过程本身，而不会将自身的注意力过多地放在任务目标是否完成上，不会产生患得患失的心理。因此，这种过程导向的价值观会削弱员工的防御聚焦状态[292]。最后，工匠精神会削弱员工的外部动机，进而降低防御聚焦。员工的防御聚焦是外部动机较高的表现，而工匠精神会削弱员工的外部动机。因为工匠型员工能在自主探索过程中寻找工作乐趣，反而对于外在激励的兴趣较低，所以工匠型员工会更少地关注外部激励。

工匠精神会削弱员工的防御聚焦，但各个维度的影响过程存在差异。精益求精是员工自身对工作技艺的追求，因此这一追求过程会抑制防御聚焦状态；笃定执着是员工在压力反应下的积极反应，因此会降低员工的防御聚焦；而员工的责任担当意味着在目标挑战时，员工会积极承担责任并寻求突破式发展，因此不会以防御聚焦的状态应对工作任务；同样的，追求个人成长的员工将工作过程视为发展过程，更加注重自身长期的技能提升与职业发展，所以防御聚焦会下降[293]；但与此同时，员工对声誉的珍视也意味着员工可能会将关注焦点汇聚在外部评价上，从而以"不犯错误"为标准约束自身的言行，这样会导致员工的防御聚焦提升。

综上所述，本研究提出以下假设：
假设 8.2a：精益求精与防御聚焦存在负向关系。
假设 8.2b：笃定执着与防御聚焦存在负向关系。
假设 8.2c：责任担当与防御聚焦存在负向关系。
假设 8.2d：个人成长与防御聚焦存在负向关系。
假设 8.2e：珍视声誉与防御聚焦存在正向关系。

8.2.3 促进聚焦对员工建言行为的影响

员工建言行为是指员工在工作过程中积极向领导提出有利于团队或组织发展的建议的行为,包括促进性建言与抑制性建言两类。本研究认为,促进聚焦会提升员工的建言行为,主要原因如下。首先,促进聚焦使员工希望团队取得更好的工作结果。在这种目标导向下,员工会采取积极行动以提升团队绩效,其中就包括建言行为。当员工感知到自己对团队的建议有直接的意义时,便更加主动地进行建言行为以促进团队发展。其次,促进聚焦使员工更加愿意为团队建言献策。促进聚焦使得员工具有积极的工作能量,这对员工的心理与行为具有正向影响。当员工感知到自身的能量充沛时,便会更加积极地采取主动性行为服务于组织,而建言行为便是其中的一种主要形式。最后,促进聚焦消除了员工的建言顾虑。在员工建言之前可能会产生人际纠纷的担忧,即害怕自己的建言行为不仅不被接纳,还会得罪领导与同事。而具有促进聚焦的员工往往会更加乐观地考虑自身行动的后果,并且更加关注团队整体的发展情况。在这种情况下,员工会更加积极地采取建言行为。

促进聚焦会提升员工的建言行为,但同时对不同建言形式的影响也存在差异。从促进性建言角度来看,员工的促进聚焦使员工产生了工作结果导向,因此他会更加积极地向领导或同事提出建设性建议,以使得团队发展更加稳健、运作更加良好,进而整体取得更好的绩效。从抑制性建言角度来看,促进聚焦使得员工会关注团队发展的缺陷与不足,并力求防患于未然。若员工关注到领导或者同事的某个想法或行动不妥当,则会更加积极地进行抑制性建言。

综上所述,本研究提出以下假设:

假设 8.3a:促进聚焦与促进性建言存在正向关系。

假设 8.3b:促进聚焦与抑制性建言存在正向关系。

8.2.4 防御聚焦对员工建言行为的影响

本研究认为防御聚焦对于员工建言行为具有负面影响,主要原因如下。首先,防御聚焦本身就代表着员工一种消极的工作状态。当员工处于防御聚焦状态时,整体的心理与行为倾向均会表现出消极取向。而建言行为作为员工在组织内的典型主动性行为,需要消耗员工较多的个体资源与精神能量。因此,防御聚焦的员工会减少建言行为以保持自身的资源水平。其次,防御聚焦会使员工建言产生更高程度的心理障碍。员工在进行建言之前通常会对自身的水平及建言效果产生担忧,而防御聚焦会使得员工更加缺乏自信,因此会抑制员工的建言主动性。最后,防御聚焦状态下的员工会担忧建言过程带来人际关系的损害。建言行为实质上是与团队成员进行社会互动的过程,而这种观点碰撞的过程很有可能引发人际冲突。例如,员工在对领导的某一观点发表抑制性看法时，领导可能会产生拒斥心理。处于防御聚焦的员工通常会产生这样的忧虑，因此会降低在工作中的建言行为。

防御聚焦会抑制员工的建言行为，同时对不同建言形式的影响也存在差异。从促进性建言的角度来看，防御聚焦状态下的员工更加关注眼下的目标能否达到，而对于更进一步的发展缺乏热情。他们认为团队的探索与创新不仅没有必要，而且这个过程会占用自己的精力而不利于当前目标的完成。因此，员工的防御聚焦状态使得员工倾向于减少促进性建言。从抑制性建言的角度来看，防御聚焦状态下的员工对于自身的人际关系也以防御聚焦的观点对待。他们会担忧自身对领导或者同事的纠正与规劝是否会损害自身的人际关系，因此他们会更加偏向减少抑制性建言。

综上所述，本研究提出以下假设：

假设8.4a：防御聚焦与促进性建言存在负向关系。

假设8.4b：防御聚焦与抑制性建言存在负向关系。

基于本章假设提出调节聚焦视角下工匠精神影响机制理论模型，如图8.3所示。

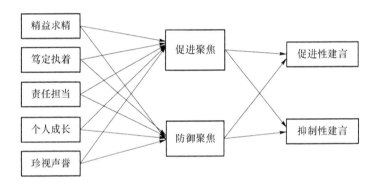

图8.3 调节聚焦视角下工匠精神影响机制理论模型

8.3 数据分析结果

8.3.1 描述性统计

本研究收集的407份有效问卷中，被调查者年龄主要集中在18到30周岁，占比为83.3%，31到40周岁的占15.6%，41到50周岁的占0.2%。被调查者与当前直接上级管理者共同完成工作任务的年限在1年及以下的占43.6%，2年到4年的占46.5%，5年到7年的占6.3%，8年到10年的占1.0%，10年以上的占1.5%。被调查者的工作年限在1年以下的占15.3%，2年到4年的占46.5%，5年到7年的占23.6%，8年到10年的占8.3%，11年到20年的占4.4%，20年以上的占0.7%。

表8.1统计了参与假设检验的各变量(因子)及其测量项的均值、标准差。

表8.1 变量及其测量项的描述性统计

变量名	均值	标准差	变量名	均值	标准差
工匠精神	4.10	0.41	促进聚焦	3.99	0.53
个人成长	4.15	0.52	iprof1	4.03	0.81
C1	4.11	0.69	iprof2	3.96	0.78
C2	4.09	0.63	iprof3	3.82	0.81
C3	4.19	0.55	iprof4	4.01	0.86
C4	4.23	0.62	iprof5	4.19	0.76
责任担当	4.35	0.51	iprof6	4.15	0.77
C5	4.35	0.61	iprof7	3.87	0.87
C6	4.39	0.62	iprof8	3.85	0.88
C7	4.34	0.64	iprof9	4.07	0.79
C8	4.32	0.65	防御聚焦	4.06	0.57
笃定执着	3.68	0.73	ipref1	4.01	0.91
C9	3.80	0.81	ipref2	4.21	0.74
C10	3.35	1.06	ipref3	4.37	0.72
C11	3.66	0.91	ipref4	4.27	0.77
C12	3.91	0.89	ipref5	3.87	0.96
精益求精	4.15	0.47	ipref6	4.07	0.79
C13	4.22	0.61	ipref7	3.96	0.92
C14	4.28	0.59	ipref8	4.06	0.76
C15	4.09	0.62	ipref9	3.75	0.94
C16	4.00	0.65	促进性建言	3.83	0.55
珍视声誉	4.15	0.56	prmV1	3.91	0.57
C17	4.19	0.64	prmV2	3.85	0.69
C18	4.15	0.75	prmV3	3.86	0.75
C19	4.06	0.74	prmV4	3.82	0.68
C20	4.20	0.73	prmV5	3.73	0.72
			抑制性建言	3.64	0.59
			prhV1	3.61	0.67
			prhV2	3.70	0.68
			prhV3	3.52	0.78
			prhV4	3.57	0.80
			prhV5	3.81	0.75

8.3.2 信度检验

分别分析参与假设检验的所有因子的研究量表测量项的克隆巴赫α系数,结果如表 8.2 所示。

表 8.2 中各变量的系数值均大于 0.7,这表明研究量表的信度均可被接受,且一致性和可靠性较强。其中:考查工匠精神的五个维度的系数分别为 0.86、0.84、0.80、0.76、0.79,这五个维度在共同考查工匠精神时,信度系数为 0.89,均达到高信度;另外,促进聚焦、防御聚焦、促进性建言、抑制性建言的信度系数分别为 0.83、0.86、0.86、0.85,均达到较高信度。

表 8.2 克隆巴赫 α 信度分析

变量	α 系数	变量	α 系数
工匠精神	0.89	促进聚焦	0.83
个人成长	0.86	防御聚焦	0.86
责任担当	0.84	促进性建言	0.86
笃定执着	0.80	抑制性建言	0.85
精益求精	0.76		
珍视声誉	0.79		

8.3.3 效度检验

利用 Amos23.0,根据前文提出的理论模型构建结构方程模型,并进行验证性因子分析,整体拟合系数结果如表 8.3 所示。

表 8.3 整体拟合系数

卡方值	自由度	卡方自由度比值	TLI	CFI	RMSEA
2 156.13	1044	2.07	0.85	0.86	0.05

模型的卡方自由度比值为 2.07,小于 3;TLI、CFI 等指标均在 0.85 左右,说明模型的拟合效果较好;RMSEA 为 0.05,小于 0.10。所以总体而言,卡方自由度比值、RMSEA 这两个较为重要的指标远小于标准边界,TLI 和 CFI 等指标均达到较高水平,该模型的拟合结果较好。

(1) **聚合效度分析** 在验证了模型的拟合效度达标之后,需要对研究量表进行聚合效度分析,检验模型中因子的测量项的聚合程度,即检验划入该因子的测量项是否能够准确地考查该因子。

分析参与假设检验的各因子的量表测量项后,聚合效度分析的结果如表 8.4 所示。其中:个人成长(AVE=0.61,CR=0.86)、责任担当(AVE=0.56,CR=0.84)、笃定执着(AVE=0.51,CR=0.80)、促进性建言(AVE=0.56,CR=0.70)、抑制性建言(AVE=0.54,CR=0.85)聚合效度较好,AVE 指标均在 0.50 以上且 CR 指标均大于 0.70;精益求精(AVE=0.45,CR=0.77)、珍视声誉(AVE=0.49,CR=0.79)、防御聚焦(AVE=0.41,CR=0.86)的 AVE 均在 0.40 以上,CR 均大于 0.70,所以聚合效度均可被接受;促进聚焦(AVE=0.35,CR=0.83)的 AVE 值较低,说明该因子在聚合效度方面出现了些许偏差,但对研究结果的影响较小,可以忽略。分析结果表明,本研究的量表数据具有足够的聚合效度。

表 8.4 模型标准载荷系数、AVE 和 CR 指标结果

变量名	测量项	标准载荷系数	AVE	CR	变量名	测量项	标准载荷系数	AVE	CR
个人成长	C1	0.76	0.61	0.86	精益求精	C13	0.74	0.45	0.77
	C2	0.75				C14	0.77		
	C3	0.79				C15	0.61		
	C4	0.82				C16	0.55		
责任担当	C5	0.76	0.56	0.84	珍视声誉	C17	0.74	0.49	0.79
	C6	0.81				C18	0.74		
	C7	0.73				C19	0.6		
	C8	0.71				C20	0.72		
笃定执着	C9	0.61	0.51	0.80	促进聚焦	iprof1	0.67	0.35	0.83
	C10	0.78				iprof2	0.62		
	C11	0.78				iprof3	0.37		
	C12	0.67				iprof4	0.5		
促进性建言	prmV1	0.71	0.56	0.70		iprof5	0.66		
	prmV2	0.76				iprof6	0.68		
	prmV3	0.75				iprof7	0.53		
	prmV4	0.8				iprof8	0.59		
	prmV5	0.71				iprof9	0.66		

续表

变量名	测量项	标准载荷系数	AVE	CR	变量名	测量项	标准载荷系数	AVE	CR
抑制性建言	prhV1	0.75	0.54	0.85	防御聚焦	ipref1	0.71	0.41	0.86
	prhV2	0.73				ipref2	0.7		
	prhV3	0.7				ipref3	0.63		
	prhV4	0.76				ipref4	0.69		
	prhV5	0.73				ipref5	0.58		
						ipref6	0.69		
						ipref7	0.63		
						ipref8	0.59		
						ipref9	0.48		

（2）**区分效度分析** 将聚合效度分析中的 AVE 值的平方根与因子的相关系数组成矩阵，如表 8.5 所示，各因子的 AVE 根值排列在矩阵的对角线上。其中：精益求精的 AVE 根值为 0.67，大于其与任何因子之间的相关系数；笃定执着的 AVE 根值为 0.71，同样大于其与任何因子之间的相关系数。类似地，可以发现表 8.5 中大部分因子的 AVE 根值均大于其与别的因子之间的相关系数。但是促进聚焦的区分效度表现得较差，容易与防御聚焦混淆，这可能与前文提到的其聚合效度表现不佳的情况有关。促进聚焦的 AVE 根值比其与防御聚焦的相关系数小 0.04，这种偏差对结果的影响有限。

上述结果表明该模型具有足够的区分效度，虽然个别因子的区分效度不佳，但我们认为这对结果的影响尚在可接受的范围内。

表 8.5 区分效度：Pearson 相关与 AVE 根值

变量	变量								
	精益求精	笃定执着	责任担当	个人成长	珍视声誉	促进聚焦	防御聚焦	促进性建言	抑制性建言
精益求精	0.67								
笃定执着	0.37	0.71							
责任担当	0.62	0.21	0.75						
个人成长	0.63	0.22	0.70	0.78					
珍视声誉	0.45	0.31	0.45	0.35	0.70				
促进聚焦	0.21	0.08	0.13	0.12	0.22	0.59			
防御聚焦	0.20	0.15	0.20	0.17	0.16	0.63	0.64		

续表

变量	变量								
	精益求精	笃定执着	责任担当	个人成长	珍视声誉	促进聚焦	防御聚焦	促进性建言	抑制性建言
促进性建言	0.10	0.13	0.08	0.12	0.02	0.00	−0.01	0.75	
抑制性建言	0.03	0.25	−0.03	−0.02	0.07	−0.02	0.02	0.59	0.73

注：对角线上为各变量的 AVE 根值。

8.3.4 共同方法偏差检验

本研究采用自我报告数据，因此可能存在共同方法偏差问题，所以在根据研究结果进一步得出结论前，有必要检验数据是否存在共同方法偏差。

为初步判断数据的共同方法偏差情况是否严重，对收集的数据采用 Harman 单因子检验进行共同方法偏差的检验，表 8.6 列出了未旋转的探索性因子分析结果中特征根大于 1 的因子。

表 8.6 共同方法偏差检验：总方差解释

成分	初始特征值		
	总计	方差百分比(%)	累积(%)
1	9.01	18.78	18.78
2	5.74	11.97	30.75
3	4.97	10.35	41.10
4	2.90	6.05	47.15
5	2.03	4.22	51.37
6	1.59	3.32	54.69
7	1.36	2.82	57.51
8	1.21	2.52	60.03
9	1.10	2.29	62.32

通常认为若在 Harman 单因子检验中，存在不止一个因子的特征根大于 1，且其中最大的因子方差解释度低于 40%，则认为样本中不存在严重的共同方法偏差。表 8.6 中特征根大于 1 的因子数量为 9，其中最大的因子方差解释度为 18.78%，低于常用的临界标准 40%，初步认为本样本中不存在严重的共同方法偏差。

接下来采用在原模型中加入共同方法因子的验证性因子分析，旨在观察共同方法因子在模型中的作用强度，并进一步分析研究量表数据的准确性。

研究中设不含共同方法因子的模型为模型1,设加入共同方法因子的模型为模型2,并分别分析二者的拟合指标,结果如表8.7所示。

表8.7 共同方法偏差检验:模型拟合系数

		卡方值	自由度	卡方自由度比值	TLI	CFI	RMSEA
模型1	不含共同方法因子	2 156.13	1044	2.07	0.85	0.86	0.05
模型2	含共同方法因子	1 679.90	996	1.69	0.90	0.90	0.04

结果显示:模型1中的卡方自由度比值为2.07,模型2中的卡方自由度比值为1.69,加入共同方法因子后,卡方自由度比值下降了0.38;模型1的TLI为0.85,模型2的TLI为0.90,加入共同方法因子后,TLI增加了0.05,变化小于标准的0.1;模型1的CFI为0.86,模型2的CFI为0.90,加入共同方法因子后,CFI增加了0.04,变化小于标准的0.1;模型1的RMSEA为0.05,模型2的RMSEA为0.04,加入共同方法因子后,RMSEA的变化为0.01,变化远小于标准的0.05。总体看来,加入共同方法因子后,模型的拟合指标没有得到显著提升,说明相对于原模型,共同方法因子不能显著地改善模型。这也表明数据中的共同方法偏差对拟合结果的影响不显著。

综上,所收集的数据不存在显著的共同方法偏差。在共同方法偏差影响不显著的情况下得到的结论是可以被接受的。

8.3.5 相关性分析

根据收集到的数据,各变量的相关系数如表8.8所示。促进聚焦与精益求精($r=0.21$, $p<0.01$)、责任担当($r=0.13$, $p<0.01$)、个人成长($r=0.12$, $p<0.05$)、珍视声誉($r=0.22$, $p<0.01$)均显著正相关,说明在变量两两之间的相关性检验中,工匠精神的部分内涵与人在工作中的促进聚焦正相关,员工对完成目标和理想的渴望程度分别与这五个内涵存在正向关系。然而,促进聚焦与促进性建言和抑制性建言均不存在显著相关。这说明从结果来看,员工的促进聚焦与建言行为没有明显的相关性。

防御聚焦与工匠精神五个维度的相关性均显著,与精益求精($r=0.20$, $p<0.01$)、笃定执着($r=0.15$, $p<0.01$)、责任担当($r=0.20$, $p<0.01$)、个人成长($r=0.17$, $p<0.01$)、珍视声誉($r=0.16$, $p<0.01$)均呈明显的正相关。上述结果说明工匠精神与员工对待消极结果的态度密切相关,拥有工匠精神的人虽然注重对理想和目标的追求,但对工作中潜在的威胁也更加警惕。

除此之外,无论是促进聚焦还是防御聚焦,它们与促进性建言或抑制性建言均不存在显著的相关关系。但促进性建言与工匠精神的部分维度存在显著的相关性,与精益求精($r=0.10$,$p<0.10$)、笃定执着($r=0.13$,$p<0.05$)、个人成长($r=0.12$,$p<0.05$)存在显著的正相关;抑制性建言与笃定执着($r=0.25$,$p<0.01$)存在显著的正相关。

表8.8 相关性分析

变量	变量								
	精益求精	笃定执着	责任担当	个人成长	珍视声誉	促进聚焦	防御聚焦	促进性建言	抑制性建言
精益求精									
笃定执着	0.37***	1							
责任担当	0.62***	0.21***	1						
个人成长	0.63***	0.22***	0.70***	1					
珍视声誉	0.45***	0.31***	0.45***	0.35***	1				
促进聚焦	0.21***	0.08	0.13**	0.12**	0.22***	1			
防御聚焦	0.20***	0.15**	0.20***	0.17***	0.16***	0.63***	1		
促进性建言	0.10*	0.13**	0.08	0.12**	0.02	0.00	−0.01	1	
抑制性建言	0.03	0.25***	−0.03	−0.02	0.07	−0.02	0.02	0.59***	1

注:***表示在0.01级别(双尾)相关性显著;**表示在0.05级别(双尾)相关性显著;*表示在0.10级别(双尾)相关性显著。

8.3.6 影响路径分析

相关性分析仅围绕变量的数值间是否两两相关来展开,但变量的数值是所有变量作用的最终结果,仅凭相关性分析会忽略多个变量之间的相互作用,虽然这可以在一定程度上反映变量之间的关系,但难以解释变量之间的作用过程。以下,通过构建路径模型,可以计算出各变量之间的路径系数,进一步厘清变量互相作用的过程。

将参与假设检验的九个变量(精益求精、笃定执着、责任担当、个人成长、珍视声誉、促进聚焦、防御聚焦、促进性建言、抑制性建言)构建路径模型,并计算路径系数。最终,标准化路径系数如图8.4所示。

图8.4中,工匠精神的部分内涵对促进聚焦和防御聚焦存在显著的影响。其中,精益求精对促进聚焦的影响系数为0.18($p<0.05$),这说明拥有工匠精神的人在对工作质量精耕细作、追求极致的过程中,会更加渴望实现工作理想和目标。对促进聚焦产生显著影响的还包括珍视声誉,其对促进聚焦的影响系数为0.16($p<0.01$),这说明珍视声誉会正向影响员工的促进聚焦,即员工越重视在工作领域的威望,就越渴望

实现工作理想和目标。

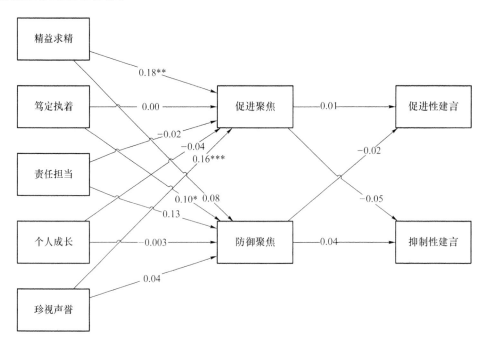

样本量(N)=385；* 表示在 0.1 水平显著(双尾)；** 表示在 0.05 水平显著(双尾)；*** 表示在 0.01 水平显著(双尾)

图 8.4　结构方程模型结果(工匠精神分五个维度)

笃定执着对防御聚焦具有显著正向影响，影响系数为 0.10($p<0.10$)。这可能是由于，员工在长期地坚守事业并经历了严苛的磨砺之后，更渴望获得令人满意的工作成果，进而显得更加保守谨慎。

促进聚焦对促进性建言或抑制性建言的影响均不显著，同样的，防御聚焦对促进性建言或抑制性建言的影响也均不显著。

为了观察工匠精神对促进聚焦、防御聚焦的整体影响，将精益求精、笃定执着、责任担当、个人成长、珍视声誉的简单平均值作为考查工匠精神的指标(图 8.5)。根据信度分析，这五个维度的克隆巴赫 α 系数值为 0.89，所以认为它们的均值能较好地反映工匠精神。

如图 8.5 所示，通过该构建结构方程模型，可以看到工匠精神对促进聚焦和防御聚焦均有显著的正向影响，影响系数分别为 0.25($p<0.01$)和 0.27($p<0.01$)。

进一步分析该模型的拟合系数，如表 8.9 所示。模型的卡方自由度比值 CMIN/DF 为 2.72，小于 3；TLI、CFI 分别为 0.82、0.83；RMSEA 为 0.07，小于 0.10，该模型拟合效果一般，结果尚可被接受。

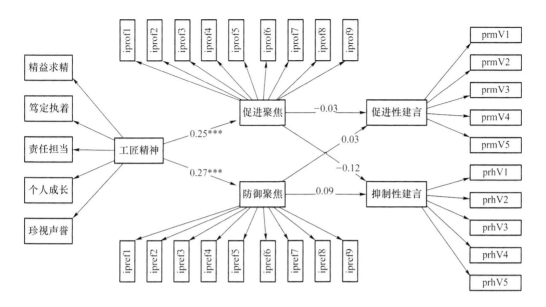

样本量(N)=389;*表示在0.1水平显著(双尾);**表示在0.05水平显著(双尾);***表示在0.01水平显著(双尾)

图8.5 结构方程模型结果(工匠精神单一维度)

表8.9 模型拟合系数

卡方值	自由度	卡方自由度比值	TLI	CFI	RMSEA
1 326.47	487	2.72	0.82	0.83	0.07

总体而言,工匠精神对促进聚焦和防御聚焦的影响主要是正向的。另外,无论是促进聚焦还是防御聚焦对促进性建言或抑制性建言均不存在显著的影响。

8.3.7 间接效应检验

为了更深入地探究在调节聚焦视角下,工匠精神对促进聚焦、防御聚焦、促进性建言和抑制性建言的作用过程,接下来采用Bootstrap分析(20 000次取样)检验单条路径所产生的间接效应。

参考表8.10,该模型中的间接效应均不显著。工匠精神一般对建言行为直接产生影响,例如,工匠精神对促进性建言的直接效应显著,系数为0.187,在0.05置信水平下,Bootstrap分析的上下限分别为0.346和0.028。

表 8.10 间接效应显著性检验的 Bootstrap 分析

路径	标准化中介效应值	95%置信区间	
		下限	上限
工匠精神→促进聚焦→促进性建言	−0.000 3	−0.043	0.038
工匠精神→防御聚焦→促进性建言	−0.008	−0.046	0.014
间接效应	−0.016	−0.063	0.020
直接效应	0.187	0.028	0.346
工匠精神→促进聚焦→抑制性建言	−0.015	−0.071	0.021
工匠精神→防御聚焦→抑制性建言	0.004	−0.022	0.042
间接效应	−0.008	−0.057	0.034
直接效应	0.156	−0.016	0.328

8.4 结论与讨论

8.4.1 研究结论

根据前面的检验结果,本研究量表具有合格的信度和效度,因此认为研究模型中的因子测量是合理的,后续一系列分析的结果也是可信的。接下来,将从以下几个角度对研究结果展开讨论。

(1) 精益求精、珍视声誉与促进聚焦

并非所有工匠精神的内涵对促进聚焦都有显著影响,其中精益求精和珍视声誉对促进聚焦的影响较为显著,相比之下,工匠精神其他方面的影响不显著。

精益求精对促进聚焦的影响系数为 $0.18(p<0.05)$;珍视声誉对促进聚焦的影响系数为 $0.16(p<0.01)$,对促进聚焦产生正向影响。所以,可以得出以下结论。

结论 1:工匠精神作为多种价值观构成的系统,其五个内涵对促进聚焦的影响的显著性不尽相同。

结论 2:工匠精神中,精益求精会正向影响促进聚焦,即拥有工匠精神的员工越重视对工作的极致追求,其实现工作目标的愿望就会越强烈;珍视声誉会正向影响促进聚焦,即拥有工匠精神的员工越重视工作的威望,其实现工作目标的愿望就会越强烈。

(2) 笃定执着与防御聚焦

笃定执着对防御聚焦的影响系数为 $0.10(p<0.10)$,所以,可以得出以下结论。

结论3：工匠精神中，笃定执着会正向影响防御聚焦，即拥有工匠精神的员工对事业的坚持越坚定，对工作中的潜在问题就越警惕。

（3）工匠精神与促进聚焦、防御聚焦

从总体来看，工匠精神对促进聚焦和防御聚焦均存在显著的正向影响，影响系数分别为 $0.25(p<0.01)$、$0.27(p<0.01)$。因此，有以下结论。

结论4：工匠精神对促进聚焦有显著正向影响，即工匠精神越强烈，员工实现工作目标的愿望就会越强烈；工匠精神对防御聚焦有显著正向影响，即工匠精神越强烈，员工对工作中的潜在问题就越警惕。

（4）工匠精神与促进性建言

通过前面的 Bootstrap 分析，我们发现工匠精神能够对促进性建言产生直接影响。因此，有以下结论。

结论5：工匠精神对促进性建言存在直接的正向影响，即员工具有的工匠精神越强烈，促进性建言的行为就会越频繁。

8.4.2 理论贡献与实践意义

本研究基于调节聚焦理论揭示了工匠精神对员工建言行为的影响，主要理论贡献与实践意义体现在以下几个方面。

首先，本研究对员工工匠精神与建言行为之间的关系进行了有效探索。已有研究对员工工匠精神与建言行为之间的关系进行了理论剖析，但研究结论存在争议。部分研究认为拥有工匠精神的员工具有较高的工作积极性与奉献精神，因此会在工作过程中积极进行建言；而另一部分研究则认为，工匠精神是员工的一种关注自身的工作价值观，因此不会对建言行为产生影响。本研究通过假设检验发现工匠精神对建言行为具有积极影响，但是没能进一步揭示工匠精神对建言行为的具体路径，有待后续研究进一步补充。

其次，本研究补充了工匠精神的行为后果机制，明确了工匠精神的影响路径。工匠精神虽然是员工关注自身的一种过程导向价值观，但这并不代表工匠型员工会具有低水平的组织与团队关注。本研究表明，员工的工匠精神对建言行为具有积极意义，这代表着工匠型员工在组织内不仅会关注自身的技能提升与成长过程，还会关注同事与团队的整体发展情况。这对于研究者理解工匠精神的概念内涵与边界是一个有力补充。

最后，本研究对工匠型员工的管理提供了有力指导。本研究发现员工的工匠精神会促进他们的建言行为,对于管理者具有两点最直接的启示。一方面,管理者应该注重培育员工的工匠精神,以提高员工的建言积极性与团队的建言氛围[294]。另一方面,管理者应该提供合理的资源、创造合适的条件激发员工的工匠精神,使得工匠型员工能够消除顾虑,发挥特性以积极为团队发展建言献策[291]。

第9章 总　　结

9.1　本书的主要结论

　　工匠精神具有丰富的时代内涵，同时也是企业实践的宝贵经验。在工匠精神研究"百花齐放，百家争鸣"的背景下，本书基于已有研究成果系统梳理了该议题的发展脉络，并以个体层面为突破口将工匠精神这一概念纳入了已有的理论体系中。随后，本书基于自我决定视角、目标导向视角、创造力过程视角、工作投入视角与调节聚焦视角全面剖析了工匠精神对员工工作结果的积极影响。在基于两个企业样本进行理论验证后，本书进一步明晰了工匠精神影响路径的有效性。

　　总的来说，工匠精神作为一种积极的工作价值观会对员工工作行为与绩效产生积极影响。这是因为工匠精神暗含着员工积极的工作动机、对于自身技艺与工作细节的追求、长期的学习成长目标导向与对于社会评价的珍视。这些要素均能够赋予员工工作动力与工作激情，从而使员工能够在复杂的工作环境中表现出积极的工作结果（见图9.1），具体而言有以下几个方面。

　　(1) 工匠精神会激发积极工作动机，进而促进员工双元行为。基于自我决定理论，工匠精神会在激发员工内在动机的同时削弱员工的外在动机，从而有效提高员工的利用行为与探索行为。基于企业员工样本检验发现，员工的工匠精神会促进他的内在动机，进而提高他们的利用行为与探索行为。与此同时，虽然员工的外在动机会降低员工的探索行为，但工匠精神对外在动机并无显著影响。这表明工匠精神作为一种典型的内向型自我驱动工作价值观，能够有效地提高员工的双元行为。而对外在动机而言，工匠精神的整体概念对员工的外部动机并无显著影响。同时可以注意到，就工匠精神各个维度对内在动机的影响，责任担当这一维度对内在动机的影响最为明显。这是因为当员工意识到自身的岗位职责时，会具有更高的自我驱动力从而积极投入到双元行为中。

（2）工匠精神会激发正向工作目标，进而促进员工工作绩效。基于目标导向理论，工匠精神会激发员工的学习目标导向与挑战掌握目标，进而推动员工绩效的有效提高。基于企业员工样本检验发现，工匠精神会显著提高员工的学习目标导向，进而提高员工的任务主动性、任务适应性与任务精通性。工匠精神还会显著提高员工的挑战掌握目标，但与此同时挑战掌握目标也会显著降低员工的角色内绩效。这表明工匠精神的目标导向并非挑战性目标，即工匠型员工并不会将自身的工作任务视为一个个挑战进而不断寻求突破。相反的，工匠型员工的目标导向更多的是关注工作过程本身，通过在日常学习与工作摸索过程中积累的技能与知识，实现工作绩效的提升。

（3）工匠精神成为员工的创新资源，进而促进员工的创新行为。基于创造力过程视角，工匠精神会成为员工的创新资源并提高员工的身份认同，进而促进员工的创新行为。基于企业员工样本检验发现，工匠精神会显著提高员工的自我效能，进而正向影响员工的创意激发、创意传播与创意实施。而员工的创造力身份认同虽然也会显著提高员工的创新行为，但是工匠精神对于创造身份认同没有显著的促进作用。这表明作为个体的工作价值观，工匠精神更多的是为员工的创新活动提供资源，从而使得员工能够持续性地进行创新活动。而在控制了创新资源路径后，工匠精神对员工的创造力身份认同的影响不显著，这进一步证明了工匠精神对社会身份的反应较弱。

（4）工匠精神促进员工的工作投入，进而促进员工的主动性行为。基于工作投入视角，工匠精神会提高员工的工作投入进而促进他们的主动性行为。基于企业员工样本检验发现，工匠精神会显著提高员工的工作投入，进而影响员工的主动性行为。具体而言，工匠精神会促进员工的活力、奉献与专注，而工作投入的这三个方面会进一步影响员工的主动性行为（战略扫描、反馈寻求、问题防患）。其中，奉献对于员工主动性行为的影响最为突出。这表明在员工工作投入过程中，工匠精神不仅会提高员工的工作资源质量，更关键的是会提高员工工作资源使用的倾向。这种资源与资源投入方向的效应叠加促进员工主动投入到工作中，积极为自身与团队的发展做出主动性行为。

（5）工匠精神表现出更积极的建言行为。基于调节聚焦理论，工匠精神会提高员工的促进聚焦，进而使得他们更加积极地在组织内建言。基于企业员工样本检验发现，工匠精神会显著提升员工的促进聚焦与防御聚焦。与此同时，工匠精神确实也会表现出较高的建言水平。但促进聚焦、防御聚焦与员工建言行为之间没有过多的联系。这表明工匠精神会提高员工的促进性建言与抑制性建言，但其并非通过调节聚焦来影响。从相关研究来看，工匠精神可能通过认知、情感、动机等其他路径影响员工的建言行为。但究竟哪种影响路径的解释力度更强，有待后续研究进一步探究。

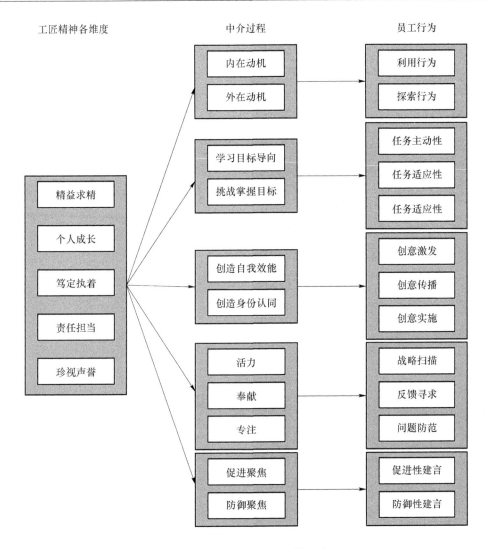

图 9.1　本书主要研究机制汇总

（6）工匠精神整体上会对员工的工作结果带来积极影响，但应该注意的是，工匠精神各个维度对员工工作结果的影响过程存在差异。具体而言，工匠精神包括精益求精、笃定执着、责任担当、个人成长、珍视声誉五个维度，它们各自的内涵决定了它们对于员工心理及行为在影响机制上的差异。精益求精表现为员工对于工作技艺的追求与工作细节的完善，因此更加偏重于自身的微提升过程；笃定执着表现为员工在工作过程中的坚持与韧性，能够为员工的自我探索提供动力；责任担当意味着员工能够自主担当工作责任，承担社会角色的义务；个人成长意味着员工更加关注自我导向、长期导向与成长导向的发展过程。以上四个维度对于员工工作结果而言代表着积极特质，会给员工的心理与工作行为带来正向影响。但同样要注意的是,员工的珍视声誉具有潜在的双刃剑效应。珍视声誉是员工对同事、领导及顾客等方面社会评价的反映倾向。从积极面而言,对于自身声誉的珍视会成为员工的外部动机,有效推动员工积极取得技艺的增长与工作的完善;但与此同时,对声誉的珍视也可能会成为员工的"包袱",从而成为员工探索过程中的障碍。员工可能会为了防止声誉的丧失,减少有风险的创新与冒险行为。

综上所述,工匠精神会给员工的心理与工作行为带来积极影响。因此,企业应该注重对员工工匠精神的有效培育。而在实际的团队环境中,领导者同时应该注意工匠精神潜在的"阴暗面",及时予以干预以发挥工匠精神的积极作用。

9.2 本书研究的主要贡献

9.2.1 本书研究的创新点

本书以员工价值观为切入点,从多个角度剖析了工匠精神对员工工作行为的积极影响。本书的主要创新点包括以下几个方面。

(1) 在微观视角下,完成了工匠精神与现有理论体系的对接。工匠精神的研究成果已经相对丰富,但同时存在与已有理论体系脱节的问题。本书通过对已有文献的梳理与提炼,将工匠精神定义为员工的工作价值观,并以此为突破口揭示工匠精神对员工工作行为的作用机制。这一工作有助于解决当前工匠精神研究现象描述过多、概念化不清晰与理论衔接不到位的问题。通过完成工匠精神在既有理论体系中的定位,一方面使得工匠精神能够与同类构念进行区分;另一方面使得将相关理论系统性引入工匠精神研究成为可能。

(2) 关注并强调了工匠精神自我成长导向、学习导向与长期导向的特点。人们对工匠精神的积极面与优势虽然探讨颇多,但现有研究鲜有给出理论边界。本书基于对已有研究的回顾,确定了工匠精神自我成长导向、学习导向与长期导向的特点。这些特点的背后暗含着工匠精神在工作场所中可能的优势。在复杂的工作环境中,具有工匠精神的员工往往能够更好地排除外界干扰,从而进入工作投入状态。这是因为工匠精神能够给员工提供足够的自我效能并激发员工的内部动机,这些都会使得员工更加具有工作积极性,进而主动投入到工作中去。与此同时,这些特点也划清了工匠精神有效性的边界。工匠型员工可能难以胜任需要团队配合的工作。

(3) 基于多个视角构建了工匠精神对工作结果的影响机制。已有研究基于对现象的观察与理论演绎提出了工匠精神的积极作用,但这些推论鲜有被后续研究证实。本书从自我决定、目标导向等五个视角构建了工匠精神对其积极后果的解释机制。具体而言:基于自我决定理论构建了工匠精神对员工双元行为的影响机制;基于目标导向理论构建了工匠精神对员工绩效积极作用的解释机制;基于创造力过程理论构建了工匠精神对员工创新行为的解释机制;基于工作投入视角构建了工匠精神对员工工作投入的解释机制;基于调节聚焦理论构建了工匠精神对员工建言行为的解释机制。其中,部分路径得到了有力支持,而有一些路径没有得到证实。这一过程有利于打开工匠精神积极性的理论黑箱,明晰工匠精神积极作用的有效路径。

(4) 为工匠精神的应用情境研究奠定了基础。本书认为,工匠精神固然能够产生较高的积极作用,但与此同时它并非团队与组织发展的"万能药"。工匠精神的积极作用必然基于一定的应用情境,在某些条件下工匠精神可能会产生良好的工作结果,而在另一些条件下则可能不会出现同样的结果。因此,工匠精神研究的一个关键任务便是明晰工匠精神的应用情境。本书基于多个理论构建并检验了工匠精神对员工双元行为、工作绩效、创新行为、主动性行为与建言行为的影响路径。这些工作有力推动了工匠精神影响机制的研究,为工匠精神应用场景的研究奠定了基础。

(5) 基于多样本、多方法对工匠精神的作用机制进行检验。本书综合运用了信效度分析、路径分析与结构方程模型等分析方法进行了假设检验,有效确保了研究过程的严谨性与有效性。具体而言,本书采用成熟量表对两个代表性的企业员工样本进行数据收集。随后,利用信度分析、验证性因子分析等方法对数据的信效度进行检验,确保数据的代表性与有效性。最后,本书借助路径分析与结构方程等方法对工匠精神及其行为后果的因果机制进行检验。通过多样本多方法的分析过程,有力地确保了本书结论的科学性与有效性。

9.2.2 本书研究的实践意义

本书以员工价值观为切入点,从多个角度剖析了工匠精神对员工工作行为的积极影响。本书的实践意义具体包括以下几个方面。

(1) 本书回应了业界追求工匠精神的迫切需求。工匠精神概念的复苏与发展不到五年时间,但无论是业界还是学界都对工匠精神产生了极高的讨论热情。这种现象的出现主要是因为在当前所处的关键节点上,工匠精神对组织发展、产业升级乃至国家经济具有潜在的积极意义。从国际环境来看,在全球经济增速放缓、地区保护主义与全球大流行的交互作用下,国际市场竞争日趋激烈的同时全球价值链面临重塑;从国内环境来看,我国经济取得巨大突破后进入经济增长新常态,各行各业均面临着创新驱动、产业升级与结构调整的挑战。而标杆型企业已经证明,工匠精神是提升产品服务质量、获得竞争优势的有力手段。因此,本书在回顾相关研究的基础上,通过对员工工匠精神的剖析加入这一议题的对话,回应了业界对工匠精神的追逐。

(2)本书对企业工匠精神培育具有指导意义。在工匠精神引起极大关注的同时,企业面临着想培育工匠精神却不知如何入手的困境。这种困境的直接原因是学界对工匠精神的研究尚不够深入。这导致工匠精神的口号虽然漫天飞舞,但是企业对于工匠精神如何落地、如何进行有效培育却感到非常茫然。本书基于微观个体角度剖析了员工工匠精神的积极工作结果,并利用代表性样本进行了机制检验。这一工作为工匠精神在企业的有效培育提供了有力抓手,即本书认为员工是企业进行工匠精神培育的关键性力量,也是企业发展的重要发力点。这是因为员工是企业价值创造活动的基础性力量,同时也是企业发展的关键性资源。在企业发展过程中,将工匠精神培育的重心放在对员工的招聘、培训与提拔上是切实可行的发展思路。

(3)管理者应该提供合适的场景与资源激发员工的工匠精神特质。本书发现工匠精神是员工的一种工作价值观,而这种工作价值观的有效激发依赖工作情境的有效性。具有工匠精神员工具有更强的内在动机,更加专注于工作任务本身而非外部激励。他们通常以学习目标为导向,关注工作过程中自身的学习与进步而非工作目标。就工作资源与工作状态而言,具有工匠精神的员工具有更强的创新自我效能,能够更好地达到工作投入。此外,工匠型员工具有更强的促进聚焦水平。这些特点都表明,只有自主性较高、关系复杂度低的工作环境才能有效激发员工的工匠精神,具体而言,包括较高的工作自主性、弹性绩效考核体系、低竞争氛围与政治氛围等。本书认为,通过这些因素的塑造能够较好地激发员工的工匠精神特质,从而产生积极的工作结果。

9.3 研究局限及未来展望

本书以员工价值观为切入点,从多个角度剖析了工匠精神对员工工作行为的积极影响。但与此同时,本书不可避免地存在缺陷,具体包括以下几个方面。

(1)没有进一步明晰工匠精神发挥积极作用的工作情境。工匠精神作为一种个体特质想要对工作行为产生积极作用,必然受工作情境的约束。在不同的工作情景下,工匠精神可能会展现出不同的效应。具体而言,组织层面(如组织文化)、团队层面(如领导力)、工作岗位特点(如自主性),乃至员工的家庭因素都会对员工工匠精神的作用产生影响。如果员工处于一种积极的工作情景中,如组织政治氛围低、权利距离较低、领导与同事关系均较好、工作自主性较高等,那么具有工匠精神的员工很有可能会表现出较高程度的工作效能感与工作积极性,进而表现出更佳的工作表现。反之,则有可能会抑制工匠精神对员工工作行为与工作绩效的正向影响。因此,没有深入剖析工匠精神作用机制的工作情境是本书的一个不足。

(2) 没有进一步揭示工匠精神对员工行为的整合机制。本书虽然基于五个角度剖析了工匠精神对员工工作结果的影响机制并利用两个研究样本(详见 3.1)进行了机制检验,但同时也存在两点主要的不足之处。一方面,在本书构建的五个解释机制中,部分路径没有得到数据证实。例如:工匠精神对外部动机无影响;促进聚焦与防御聚焦对员工建言行为没有解释力度。这些结果固然能够得到解释,但其背后的深层次原因有待后续研究进一步剖析。另一方面,本书虽然建立了工匠精神与各种工作行为之间的桥梁,但还有进一步完善的空间。工匠精神作为一个相对复杂的概念对各种工作行为的影响路径并非是单一的,与此同时亟待建立一个整合框架揭示工匠精神对各种工作行为的解释。这一化繁为简的过程有待后续研究进一步探索。

(3) 没能揭示工匠精神的动态演变过程。工匠精神是员工的一种工作价值观,这种工作价值观虽然相对稳定但却是后天形成的。本研究认为员工工匠精神塑造的关键时期是员工的职业生涯早期。当员工在初入职场,完成从学生到工作者身份的转变时,这个时期正是员工工作价值观构建的早期,因此此时工作场所的因素会对工匠精神的形成产生深远影响。具体而言,此时的企业文化、团队氛围、领导及同事的工作态度均会影响员工工匠精神的早期塑造。而在当前盛行的师徒制背景下,企业导师的言行举止也会对员工的工匠精神产生深远影响。本书由于篇幅与资源限制,没能在这一方面进行更深层的拓展。

(4) 对工匠精神培育路径的挖掘停留在启示层面。本书从自我决定、目标导向、创造力过程、工作投入与调节聚焦五个角度研究了工匠精神对员工工作行为的积极影响。这些研究构建了员工工匠精神对员工行为的影响路径,并借助两个研究样本对路径的有效性进行了检验,这为管理者正确引导员工的工匠精神提供了理论启示。但与此同时,本书没有进一步探究员工工匠精神的培育过程。在员工工匠精神的形成过程中,哪些能力、哪些资源是极为重要的呢?同样的,哪些管理措施与干预手段能够有效培育员工的工匠精神呢?本书没能在这一方面给出确切答案,有待后续学者在本书研究的基础上进一步探索。

在本书的研究发现基础上,我们认为以下问题是工匠精神未来研究中的重要问题。

① 全面认识工匠精神的积极作用与消极作用。工匠精神作为一种工作价值观,对员工的积极工作行为提供了充足的内在动机,但与此同时也应该关注工匠精神的作用边界甚至负面影响。工匠精神以内在导向为主要特点,这意味着工匠型员工往往较少关注团队的整体情况;工匠精神以长期导向为主要特点,这意味工匠型员工可能难以胜任紧迫的突击型任务;工匠精神以成长导向为主要特点,这意味着工匠型员工可能对企业的绩效激励反应程度较低。而从工匠精神的五个维度来看,珍视声誉很有可能对员工工作结果产生双刃剑效应,而这一效应的边界与机制同样值得探究。本书认为工匠精神是员工一种相对稳定的价值观,但同样值得注意的是从职业生涯跨度来看工匠精神在员工的不同阶段可能产生不同的作用。以上这些基于工匠精神本身的特点做出的推断,均有待后续研究进一步证明。

② 构建培育员工工匠精神的领导力与人力资源管理实践。学界与业界对工匠精神关注的根本原因是希望能够在组织内有效培育工匠精神,而本书已经初步为这一诉求指明了方向。一方面,工匠精神是一种工作价值观,因此组织可以通过领导方式与人力资源管理实践对其进行有效培育;另一方面,这种价值观相对较为稳定,因此企业在进行人才招聘与遴选时应该对员工的工匠精神予以足够重视,从而将工匠型员工放在合适的工作岗位上。更具体的,企业应该通过组织文化、人力资源管理政策与实践、领导力等情境因素,有效激发工匠型员工的工作动机与工作活力,从而有效促进员工的积极工作行为。

③ 关注员工工匠精神与领导力的结合。值得引起注意的是,员工工匠精神作为一种工作价值观有明显优势的同时,也有它自身的局限性。工匠精神属于一种关注自我、工作内控的价值观,对于工作的微创新具有积极影响。但与此同时,工匠型员工往往不会将过多的注意力放在组织生活与团队发展上,因此工匠型员工的努力方向往往需要领导进行干预。只有当领导者有效指明团队发展方向时,具有较高内在动机的工匠型员工才能迸发出更强大的工作活力。本书认为,工匠精神的一个重要发展方向是领导应该如何有效激发员工的工匠精神特质,从而彻底发挥工匠精神对工作的建设性作用。更加具体的,何种领导力与工匠型员工更为契合,在哪些情境中领导更能激发员工的工匠精神,等等,这些问题有待后续研究进一步探索。

④ 将工匠精神的研究从个体层次涌现到更高阶层次。本书将工匠精神视为员工个体的价值观,并进一步明晰了其对员工工作结果的影响路径。一方面,这是因为工匠精神这一概念最开始来源于对个体工作的评价,这一切入点有利于对工匠精神的正

本清源；另一方面，以个体为突破口有利于为企业的工匠精神培育提供抓手。而在整个时代背景与企业实践的要求下，仅仅将研究层次局限在个体层次显然无法胜任其肩负的时代使命。因此，后续研究应该基于工匠精神的已有研究成果，将工匠精神涌现为更高阶的概念。从团队工作、企业发展，乃至社会价值观等方面，全面剖析工匠精神在当今经济与社会发展过程中扮演的重要角色。

总而言之，工匠精神这一概念在学界与业界的茁壮成长，其背后隐含着时代对工匠精神的期待。在当前的时代大环境中，我国的经济文化各方面均已取得卓越的成就。然而，百尺竿头，更进一步。在波云诡谲的国际形势与白热化的国际市场竞争态势下，工匠精神将成为我国企业成长、产业发展的重要推动力。在可以预见的未来，工匠精神在社会主义事业建设过程中还会迸发出更强大的生命力！

参考文献

[1] 白永秀,刘盼,宁启. 对十九届四中全会关于社会主义市场经济体制定位的理解[J]. 政治经济学评论,2020,11(01):54-66.

[2] 白长虹. 基于40年、面向新时代[J]. 南开管理评论,2018,21(04):1.

[3] 陈诗慧,张连绪. "中国制造2025"视域下职业教育转型与升级[J]. 现代教育管理,2017(07):107-113.

[4] 曾颢,赵曙明. 工匠精神的企业行为与省际实践[J]. 改革,2017(04):125-136.

[5] 崔秀然. 工匠精神缘何重要[J]. 人民论坛,2018(06):94-95.

[6] 辜胜阻,吴华君,曹冬梅. 新人口红利与职业教育转型[J]. 财政研究,2017(09):47-58.

[7] 管宁. 匠心召唤、主体自新与文化高质量发展[J]. 深圳大学学报(人文社会科学版),2020,37(05):5-15.

[8] 郭会斌,郑展,单秋朵,等. 工匠精神的资本化机制:一个基于八家"百年老店"的多层次构型解释[J]. 南开管理评论,2018,21(02):95-106.

[9] 邓志华. 我国技能人才工匠精神的多层面培育路径[J]. 社会科学家,2020(08):147-152.

[10] 李群,蔡芙蓉,栗宪,等. 工匠精神与制造业经济增长的实证研究[J]. 统计与决策,2020(22):104-108.

[11] 李群,蔡芙蓉,张宏如. 制造业工匠精神与科技创新能力耦合关系及区域差异研究——基于全国内地31个省级区域面板数据的分析[J]. 科技进步与对策,2020,37(22):45-54.

[12] 陈晶. 中国古代工匠制度下工匠精神的产生与演进[J]. 新美术,2018,39(11):34-39.

[13] 李群,唐芹芹,张宏如,等. 制造业新生代农民工工匠精神量表开发与验证[J]. 管理学报,2020,17(01):58-65.

[14] 李晓博,栗继祖. 工匠精神融入企业人力资源管理的路径研究[J]. 山西财经大学学报,2018,40(S1):21-23.

[15] 栗洪武,赵艳. 论大国工匠精神[J]. 陕西师范大学学报(哲学社会科学版),2017,46(01):158-162.

[16] 刘建军,马卿誉,邱安琪. 工匠精神的社会政治内涵[J]. 学校党建与思想教育,2020(11):8-11.

[17] 刘丽琴. 新时代下墨子工匠精神的价值意蕴及其启示[J]. 湖南社会科学,2019(05):158-163.

[18] 刘自团,李齐,尤伟. "工匠精神"的要素谱系、生成逻辑与培育路径[J]. 东南学术,2020(04):80-87.

[19] 陈凡,蔡振东. 工匠的技术角色期待及社会地位建构[J]. 自然辩证法研究,2018,34(12):34-39.

[20] 吕守军,代政. 新时代高质量发展的理论意蕴及实现路径[J]. 经济纵横,2019(03):16-22.

[21] 马永伟. 工匠精神与中国制造业高质量发展[J]. 东南学术,2019(06):147-154.

[22] 匡瑛. 智能化背景下"工匠精神"的时代意涵与培育路径[J]. 教育发展研究,2018(01):39-45.

[23] 彭兆荣. 论"大国工匠"与"工匠精神"——基于中国传统"考工记"之形制[J]. 民族艺术,2017(01):18-25.

[24] 潘天波.《考工记》与中华工匠精神的核心基因[J]. 民族艺术,2018(04):47-53.

[25] 周菲菲. 试论日本工匠精神的中国起源[J]. 自然辩证法研究,2016,32(9):80-84.

[26] 李金正,陈晓阳. 论编辑"工匠精神"的历史源流及其当代启示[J]. 出版发行研究,2019(04):18-23.

[27] 潘天波. 工匠精神的社会学批判:存在与遮蔽[J]. 民族艺术,2016(05):19-25.

[28] 潘天波. 工匠精神与优才制度的悖论——兼及经济转型中现代职业教育的技术适应[J]. 西南民族大学学报(人文社科版),2019,40(04):220-226.

[29] 李群,蔡芙蓉,栗宪,等. 工匠精神与制造业经济增长的实证研究[J]. 统计与决策,2020(22):104-108.

[30] 李群,蔡芙蓉,张宏如.制造业工匠精神与科技创新能力耦合关系及区域差异研究——基于全国内地31个省级区域面板数据的分析[J].科技进步与对策,2020,37(22):45-54.

[31] 李宏伟,别应龙.工匠精神的历史传承与当代培育[J].自然辩证法研究,2015(08):54-59.

[32] 李静.论"互联网+"时代编辑活动中的工匠精神[J].出版科学,2017(02):52-55.

[33] 喻术红,赵乾.论我国工匠精神培育的劳动法保障[J].华中科技大学学报(社会科学版),2018(03):89-96.

[34] 席卫权.现代教学中"工匠精神"的挖掘与培养——以美术课程为例[J].中国教育学刊,2017(08):82-85.

[35] 饶卫,黄云平.工匠精神驱动精准扶贫:融合共生的视角[J].经济问题探索,2017(05):45-50.

[36] 张培培.互联网时代工匠精神回归的内在逻辑[J].浙江社会科学,2017(01):75-81.

[37] 翟志强,王其全.技艺与道义 中国古代工匠的社会境遇与工匠精神的当代弘扬[J].新美术,2018,39(11):28-33.

[38] 张璟.论工匠精神对异化劳动的克服[J].吉首大学学报(社会科学版),2017(04):95-100.

[39] 肖群忠,刘永春.工匠精神及其当代价值[J].湖南社会科学,2015(6):6-10.

[40] 叶美兰,陈桂香.工匠精神的当代价值意蕴及其实现路径的选择[J].高教探索,2016(10):27-31.

[41] 葛宣冲,邸敏学.论主体意识对工匠精神的作用机理[J].江西社会科学,2019,39(02):217-223.

[42] 蔡秀玲,余熙.德日工匠精神形成的制度基础及其启示[J].亚太经济,2016(05):99-105.

[43] 阚雷.别因工匠精神的浪漫,掩盖工匠制度的缺失[J].装饰,2016(05):38-39.

[44] 金平.编辑的工匠精神与出版物的编辑含量[J].编辑之友,2018(10):74-77.

[45] 赵居礼,贺建锋,李磊,等.航空工匠精神培育体系的探索与实践[J].中国高等教育,2019(02):59-61.

[46] 农春仕.工匠精神融入高校辅导员职业能力提升的路径研究[J].江苏高教,

2020(10):115-118.

[47] 汤艳,季爱琴.高等职业教育中工匠精神的培育[J].南通大学学报(社会科学版),2017(01):142-148.

[48] 张昭阳.东北振兴尤其需要"工匠精神"[N].吉林日报,2016-03-29.

[49] 方阳春,陈超颖.包容型人才开发模式对员工工匠精神的影响[J].科研管理,2018(03):154-160.

[50] 朱祎,朱燕菲,邵然.高职生工匠精神要素及其结构模型[J].高等工程教育研究,2020(03):132-137.

[51] 郜云飞.现代编辑更需要发扬"工匠精神"[J].科技与出版,2016(09):37-40.

[52] 王世伟.图书馆应当弘扬"智慧工匠精神"[J].图书馆论坛,2017(03):51-56.

[53] 张允,卜鹏.论电视传媒生态变革中的"工匠精神"培育[J].中国电视,2017(05):37-40.

[54] 蒋华林,邓绪琳.工匠精神:高等工程教育面向先进制造培养人才的关键[J].重庆大学学报(社会科学版),2019,25(04):189-198.

[55] 徐耀强.论"工匠精神"[J].红旗文稿,2017(10):25-27.

[56] 周民良.建设制造强国应重视弘扬工匠精神[J].经济纵横,2017(01):62-67.

[57] 王振海.以工匠精神培育基层党建品牌[J].人民论坛,2019(08):44-45.

[58] 雷杰.为工匠精神培育提供有力文化支撑[J].人民论坛,2020(02):136-137.

[59] 李林.为工匠精神培育营造良好制度环境[J].人民论坛,2019(14):124-125.

[60] 张树辉.传承发展优秀传统文化需拿出工匠精神[J].中国高等教育,2017(10):1.

[61] 闵继胜.中国为什么缺失"工匠精神":一个分析框架及检验[J].安徽师范大学学报(人文社会科学版),2017(05):616-622.

[62] 连辑.手工技艺与工匠精神[J].文艺研究,2016(11):5-8.

[63] 蔡红梅."工匠精神":精品出版物打造利器[J].中国出版,2017(15):18-22.

[64] 刘自团,李齐,尤伟."工匠精神"的要素谱系、生成逻辑与培育路径[J].东南学术,2020(04):80-87.

[65] 李娟.农业劳动者职业转型中工匠精神的法律塑造[J].西北农林科技大学学报(社会科学版),2019,19(02):57-64.

[66] 王焯."工匠精神":老字号核心竞争力的企业人类学研究[J].广西民族大学学报(哲学社会科学版),2016(06):101-106.

[67] 李金正.论编辑"工匠精神"的失落与复归[J].出版发行研究,2017(04):

10-14.
- [68] 曾颢,赵曙明. 工匠精神的企业行为与省际实践[J]. 改革,2017(4):125-136.
- [69] 张莉."现代学徒制"人才培养模式与"工匠精神"培育的耦合性研究[J]. 江苏高教,2019(02):102-105.
- [70] 江宏. 经济新常态下中国工匠精神的培育[J]. 思想理论教育,2017(08):19-24.
- [71] 王晨,杜需霖. 关于大学生工匠精神培育的思考[J]. 黑龙江高教研究,2018,36(12):60-63.
- [72] 李砚祖. 工匠精神与创造精致[J]. 装饰,2016(05):12-14.
- [73] 谭舒,李飞翔. 供给侧改革视域下工匠精神的应然发展逻辑[J]. 科技进步与对策,2017(12):28-34.
- [74] 郭彦军. 工匠精神是中国工人阶级先进性素质的时代体现[J]. 毛泽东邓小平理论研究,2017(04):17-21.
- [75] 庄西真. 多维视角下的工匠精神:内涵剖析与解读[J]. 中国高教研究,2017(05):92-97.
- [76] 陈家洋. 论当下中国纪录片对工匠精神的建构[J]. 中国电视,2017(10):29-33.
- [77] 饶曙光,李国聪. 创意无限与工匠精神:中国电影产业转型升级新动能[J]. 电影艺术,2017(04):49-56.
- [78] 张宗勤,窦延玲,韩燕,等. 新时期科技期刊编辑工匠精神的内涵与能力培养[J]. 中国科技期刊研究,2017(03):235-240.
- [79] 张龙,张澜. 从"行业技艺"到"群体记忆"——论纪实影像对工匠精神的传播与认同建构[J]. 中国电视,2017(10):17-22.
- [80] 齐善鸿. 创新的时代呼唤"工匠精神"[J]. 道德与文明,2016(05):5-9.
- [81] 唐林涛. 设计与工匠精神——以德国为镜[J]. 装饰,2016(05):23-27.
- [82] 喻文德. 工匠精神的伦理文化分析[J]. 伦理学研究,2016(06):69-73.
- [83] 梁军. 工程伦理的微观向度分析——兼论"工匠精神"及其相关问题[J]. 自然辩证法通讯,2016(04):9-16.
- [84] SCHWARTZ S H. Universals in the Content and Structure of Values: Theoretical Advances and Empirical Tests in 20 Countries[M]. San Diego: Academic Press,1992:1-65.
- [85] CIECIUCH H S S, VECCHIONE M, et al. Refining the Theory of Basic

Individual Values[J]. Journal of Personality and Social Psychology,2012,4(103):663-688.

[86] SCHWARTZ S S. Basic Values: How They Motivate and Inhibit Prosocial Behavior[M]. Washington: American Psychological Association,2014.

[87] 林克松. 职业院校培育学生工匠精神的机制与路径——"烙印理论"的视角[J]. 河北师范大学学报(教育科学版),2018,20(03):70-75.

[88] 王文涛. 刍议"工匠精神"培育与高职教育改革[J]. 高等工程教育研究,2017(01):188-192.

[89] SENNETT S. The Craftsman[M]. London: Penguin Books,2009.

[90] PARKS L,GUAY R P. Personality,Values,and Motivation[J]. Personality and Individual Differences,2009,7(47):675-684.

[91] von GLIMOW M A. 组织行为学[M]. 北京:中国人民大学出版社,2015.

[92] CHOU F C,WANG A C,WANG T Y. Shared Work Values and Team Member Effectiveness: The Mediation of Trustfulness and Trustworthiness[J]. Human Relations,2008,12(61):1713-1742.

[93] ROS M,SCHWARTZ S H,SURKISS S. Basic Individual Values,Work Values,and the Meaning of Work[J]. Basic Individual Values,Work Values,and the Meaning of Work,1999,1(48):49-71.

[94] WORK D J J. Values:An Integrative Framework and Illustrative Application to Organizational Socialization[J]. Journal of Occupational and Organizational Psychology,1997,3(70):219-240.

[95] JING J,ROUNDS J. Stability and Change in Work Values:A Meta-Analysis of Longitudinal Studies[J]. Journal of Vocational Behavior,2012,2(80):326-339.

[96] LYONS S T,HIGGINS C A,DUXBURY L. Work Values:Development of a New Three- Dimensional Structure Based On Confirmatory Smallest Space Analysis[J]. Journal of Organizational Behavior,2010,7(31):969-1002.

[97] SCHWARTZ S H. Theory of Cultural Values and Some Implications for Work[J]. Applied Psychology,1999,1(48):23-47.

[98] ELIEUR D. Facets of Work Values:A Structural Analysis of Work Outcomes[J]. Journal of Applied Psychology,1984,3(69):379-389.

[99] ELIIUR D, SAGIE A. Facets of Personal Values: A Structural Analysis of Life and Work Values[J]. Applied Psychology: An International Review, 1999,1(48):73-87.

[100] HERZBERG F, MAUSNER B, SNYDERMAN B B. The Motivation to Work[M]. New York: Wiley, 1959.

[101] HACKMAN J R, OLDHAM G R. Work Redesign[M]. Reading, MA: Addison-Wesley, 1980.

[102] 郭会斌,郑展,单秋朵,等.工匠精神的资本化机制:一个基于八家"百年老店"的多层次构型解释[J].南开管理评论,2018,21(02):95-106.

[103] HINKIN T R. A Review of Scale Development Practices in the Study of Organizations[J]. Journal of Management, 1995,21(5):967-988.

[104] SCHAUFELI W B, SALANOVA M, GONZÁLEZ-ROMÁ V, et al. The Measurement of Engagement and Burnout: A Two Sample Confirmatory Factor Analytic Approach[J]. Journal of Happiness Studies, 2002,1(3): 71-92.

[105] SORTHEIX F M, DIETRICH J, CHOW A, et al. The Role Of Career Values For Work Engagement During The Transition To Working Life[J]. Journal Of Vocational Behaviour, 2013,83(3).

[106] 李锐,凌文辁.工作投入研究的现状[J].心理科学进展,2007,15(002):366-372.

[107] MASLACH C, SCHAUFELI W B, LEITER M P. Job Burnout.[J]. Annual Review of Psychology, 2001,52(1):397-422.

[108] MASLOW A. Deficiency Motivation and Growth Motivation[M]. Lincoln: University of Nebraska Press, 1955.

[109] GRIFFIN M A, NEAL A, PARKER S K. A New Model of Work Role Performance: Positive Behavior In Uncertain And Interdependent Contexts[J]. Academy of Management Journal, 2007,50(2):327-347.

[110] MORRISON E W, PHELPS C C. Taking Charge at Work: Extrarole Efforts to Initiate Workplace Change[J]. Academy of Management Journal, 1999,42(4): 403-419.

[111] MARCH J G. Exploration and Exploitation in Organizational Learning. Organ. Sci. 2, 71-87[J]. Organization Science, 1991,2(1).

[112] MOM T J M, van BOSCH F A J, VOLBERDA H W. Understanding Variation in Managers' Ambidexterity[J]. Organization Science, 2009.

[113] 赵晨,陈国权,高中华. 领导个人学习对组织学习成效的影响:基于情境型双元平衡的视角[J]. 管理科学学报,2014,000(010):38-49.

[114] 国研中心企业所课题组. 渐进式创新优于突破式创新[J]. 中国经济报告,2017(8):94-96.

[115] 钟昌标,黄远浙,刘伟. 新兴经济体海外研发对母公司创新影响的研究——基于渐进式创新和颠覆式创新视角[J]. 南开经济研究,2014,6:91-104.

[116] 刘建军. 工匠精神及其当代价值[J]. 北京:思想教育研究,2016,10:36-40.

[117] 柯江林,王娟,范丽群. 职场精神力的研究进展与展望[J]. 华东经济管理,2015,2:149-157.

[118] 王明辉,郭玲玲,方俐洛. 工作场所精神性的研究概况[J]. 心理科学进展,2009,1:107-172.

[119] ASHMOS D P, DUCHON D. Spirituality at Work A Conceptualization and Measure[J]. Journal of Management Inquiry, 2000,9(2):134-145.

[120] 熊峰,周琳. "工匠精神"的内涵和实践意义[J]. 中国高等教育,2019(10):61-62.

[121] 高德步,姚武华. 新时代文化产业工匠精神的内核与形成机制[J]. 宁夏社会科学,2018(04):46-49.

[122] 邵焕会,范军. 试论周振甫的工匠精神[J]. 中国出版,2017(15):23-27.

[123] 王勇强. 工匠精神视域下的高职院校教师激励策略探析[J]. 吉首大学学报(社会科学版),2017(S2):194-196.

[124] 薛茂云. 用"工匠精神"引领高职教师创新发展[J]. 中国高等教育,2017(08):55-57.

[125] 林荣松. 严把语言文字关与叶圣陶的工匠精神[J]. 出版科学,2018,26(03):32-36.

[126] 刘向兵. 思想政治教育视域下工匠精神的培育与弘扬[J]. 中国高等教育,2018(10):30-32.

[127] 宋晶. 高职院校少数民族学生工匠精神的传承与发展研究[J]. 贵州民族研究,2018,39(10):216-220.

[128] 周跃南. 如何在职业生涯规划课程中培养学生的"工匠精神"[J]. 中国教育学刊,2019(S1):14-15.

[129] 宋丹,曾剑雄.以工匠精神推动世界一流大学建设[J].重庆大学学报(社会科学版),2019,25(05):209-220.

[130] 丁彩霞.建立健全锻造工匠精神的制度体系[J].山西大学学报(哲学社会科学版),2017(01):115-120.

[131] 潘建红,杨利利.德国工匠精神的历史形成与传承[J].自然辩证法通讯,2018,40(12):101-107.

[132] 肖坤,夏伟,罗丹,等.新经济背景下培育工匠精神的路径与探索——顺德职业技术学院的经验[J].高教探索,2019(05):84-88.

[133] 李群,唐芹芹,张宏如,等.制造业新生代农民工工匠精神量表开发与验证[J].管理学报,2020,17(01):58-65.

[134] 朱亮.应用型高校:塑造人文精神和工匠精神相结合的大学文化[J].高等工程教育研究,2016(06):180-184.

[135] 叶龙,刘园园,郭名.包容型领导对技能人才工匠精神的影响[J].技术经济,2018,37(10):36-44.

[136] 王弘钰,赵迪,李孟燃.高承诺工作系统能否培育工匠行为?——一个有调节的中介模型[J].江苏社会科学,2020(01):99-106.

[137] 李朋波,靳秀娟,罗文豪.服务业员工工匠精神的结构维度探索与测量量表开发[J].管理学报,2021(1):69-78.

[138] GLASER B G,STRAUSS A L.The Discovery of Grounded Theory:Strategies for Qualitative Research[J].Social Forces,1967,46(4).

[139] 陈向明.扎根理论的思路和方法[J].教育研究与实验,1999(04):58-63.

[140] 李群,唐芹芹,张宏如,等.制造业新生代农民工工匠精神量表开发与验证[J].管理学报,2020,17(01):58-65.

[141] 陈敏,徐鹏飞,朱建君,等.建筑工人工匠精神影响因素实证研究[J].建筑经济,2019,40(05):29-32.

[142] 黄敏学,李清安,胡秀.傻人有傻福吗?品牌依恋视角下的工匠精神传播研究[J].珞珈管理评论,2020(34):117-136.

[143] 邓志华,肖小虹.自我牺牲型领导对员工工匠精神的影响研究[J].经济管理,2020:1-16.

[144] 邓志华,肖小虹.谦逊型领导对员工工匠精神的影响研究[J].领导科学,2020(20):45-48.

[145] 贺正楚,彭花.新生代技术工人工匠精神现状及影响因素[J].湖南社会科

学,2018(2):85-92.

[146] 郑小碧."工匠精神"如何促进社会福利提升?[J].经济与管理研究,2019,40(06):3-15.

[147] 唐国平,万仁新."工匠精神"提升了企业环境绩效吗[J].山西财经大学学报,2019,41(5):81-93.

[148] HÜLSHEGER U R, LANG J W B, DEPENBROCK F, et al. The Power Of Presence: The Role of Mindfulness at Work For Daily Levels and Change Trajectories of Psychological Detachment and Sleep Quality[J]. Journal of Applied Psychology, 2014,99(6):1113-1128.

[149] GONZALEZ-MULÉ E, COCKBURM B. Worked to Death: The Relationships of Job Demands and Job Control with Mortality[J]. Personnel Psychology, 2016.

[150] EDWARDS J R, CABLE D M. The Value of Value Congruence.[J]. Journal of Applied Psychology, 2009,94(3):654.

[151] YU K Y T. Person-Organization Fit Effects on Organizational Attraction: A Test of an Expectations-Based Model[J]. Organizational Behavior & Human Decision Processes, 2014,124(1):75-94.

[152] FRY L W, VITUCCI S, CEDILLO M. Spiritual Leadership and Army Transformation: Theory, Measurement, and Establishing a Baseline[J]. Leadership Quarterly, 2005,16(5):835-862.

[153] MAAK P T. Responsible Leadership: Pathways to the Future[J]. Journal of Business Ethics, 2011.98:3-13.

[154] 刘志彪,王建国.工业化与创新驱动:工匠精神与企业家精神的指向[J].新疆师范大学学报(哲学社会科学版),2018,39(3):34-40.

[155] DECI E L, OLAFSEN A H, RYAN R M. Self-Determination Theory in Work Organizations: The State of a Science[J]. Annual Review of Organizational Psychology and Organizational Behavior, 2017,4(1):19-43.

[156] 张旭,樊耘,黄敏萍,等.基于自我决定理论的组织承诺形成机制模型构建:以自主需求成为主导需求为背景[J].南开管理评论,2013,16(006):59-69.

[157] FRESE M, FAY D, HILBURGER T, et al. The Concept of Personal Initiative: Operationalization, Reliability and Validity In Two German Samples[J]. Journal of Occupational and Organizational Psychology, 1997,70(2):139-161.

[158] SCOTT S G, BRUCE R A. Determinants of Innovative Behavior: A Path Model of Individual Innovation in the Workplace[J]. Academy of Management Journal,1994,37(3):580-607.

[159] MORRISON E W, PHELPS C C. Taking Charge at Work: Extrarole Efforts to Initiate Workplace Change[J]. Academy of Management Journal, 1999,42(4): 403-419.

[160] LEANA C, APPELBAUM E, SHEVCHUK I. Work Process and Quality of Care in Early Childhood Education: The Role of Job Crafting[J]. Academy of Management Journal,2009,52:1169-1192.

[161] 郝士艳,纪长伟. 基于传统"工匠精神"的高校卓越工程师计划培养对策研究[J]. 黑龙江高教研究,2017(09):156-158.

[162] 邓志华. 我国技能人才工匠精神的多层面培育路径[J]. 社会科学家,2020(08):147-152.

[163] 卢川,郭斯萍. 国外精神性研究述评[J]. 心理科学,2014,37(02):506-511.

[164] 钟昌标,黄远浙,刘伟. 新兴经济体海外研发对母公司创新影响的研究——基于渐进式创新和颠覆式创新视角[J]. 南开经济研究,2014(06):91-104.

[165] TIERNEY P, FARMER S M, GRAEN G B. An Examination of Leadership and Employee Creativity: The Relevance of Traits And Relationships[J]. 1999,52(3):591-620.

[166] GAGNE M, FOREST J, GILBERT M H, et al. The Motivation at Work Scale: Validation Evidence in Two Languages[J]. Educational & Psychological Measurement,2010,70(4):628-646.

[167] VANDEWALLE D. Development and Validation of a Work Domain Goal Orientation Instrument[J]. Educational & Psychological Measurement,2016,57(6):995-1015.

[168] GRANT H, DWECK C S. Clarifying Achievement Goals and Their Impact[J]. Journal of Personality & Social Psychology,2003,85(3):541-553.

[169] GRIFFIN M A, NEAL A, PARKER S K. A New Model of Work Role Performance: Positive Behavior in Uncertain and Interdependent Contexts[J]. Academy of Management Journal,2007,50(2):327-347.

[170] GONG Y. Employee Learning Orientation, Transformational Leadership, And Employee Creativity: The Mediating Role of Employee Creative Self-

Efficacy[J]. Development and Learning in Organizations, 2009, 54(4): 765-778.

[171] FARMER S M, TIERNEY P, KUNG-MCINTYRE K. Employee Creativity in Taiwan: An Application of Role Identity Theory[J]. Academy of Management Journal, 2003, 46(5): 618-630.

[172] NG T W H, LUCIANETTI L. Within-Individual Increases in Innovative Behavior and Creative, Persuasion, and Change Self-Efficacy Over Time: A Social-Cognitive Theory Perspective[J]. Journal of Applied Psychology, 2015, 101(1).

[173] SCHAUFELI W B. The Measurement of Work Engagement With a Short Questionnaire A Cross-National Study[J]. Educational & Psychological Measurement, 2016, 66(4): 701-716.

[174] PARKER S K, COLLINS C G. Taking Stock: Integrating and Differentiating Multiple Proactive Behaviors[J]. Journal of Management, 2010, 36(3): 633-662.

[175] NEUBERT M J, KACMAR K M, CARLSON D S, et al. Regulatory Focus As A Mediator of The Influence of Initiating Structure And Servant Leadership On Employee Behavior[J]. Journal of Applied Psychology, 2008, 93(6): 1220.

[176] JIAN L, FARH C I C, FARH J L. Psychological Antecedents of Promotive and Prohibitive Voice: A Two-Wave Examination[J]. Academy of Management Journal, 2012, 55(1): 71-92.

[177] 武小悦, 刘琦. 应用统计学[M]. 长沙: 国防科技大学出版社, 2009.

[178] CRONBACH L. Coefficient Alpha and The Internal Structure of Tests[J]. Psychometrika, 1951(16), 297-334.

[179] FORNELL C, LARCKER D F. Evaluating Structural Equation Models with Unobservable Variables and Measurement Error[J]. Journal of Marketing Research, 1981, 24(2): 337-346.

[180] 杜建政. 测评中的共同方法偏差[J]. 心理科学, 2005, 2(28): 420-422.

[181] PODSAKOFF P, ORGAN D. Self-Report in Organisational Research: Problems and Prospects[J]. Journal of Management, 1986, 12: 69-82.

[182] MACKINNON D P, KRULL J L, LOCKWOOD C M. Equivalence of The Mediation, Confounding and Suppression Effect[J]. Prevention ence, 2001,

1(4):173-181.

[183] 陈晓萍,沈伟. 组织与管理研究的实证方法[M]. 北京:北京大学出版社,2018.

[184] NUNNALLY J C. Psychometric Theory[J]. American Educational Research Journal,1978,5(3):83.

[185] BLACK J F H, ANDERSON B J B R, EDITION S. Multivariate Data Analysis[M]. Pearson New International Edition,2009.

[186] 汤丹丹,温忠麟. 共同方法偏差检验:问题与建议[J]. 心理科学,2020(1).

[187] ROCKMANN K W, BALLINGER G A. Intrinsic Motivation and Organizational Identification Among On-Demand Workers[J]. Journal of Appl Psychol,2017,102(9):1305-1316.

[188] 郭桂梅,段兴民. 自我决定理论及其在组织行为领域的应用分析[J]. 经济管理,2008(06):24-29.

[189] 陈晨,刘玉新,赵晨. 独立、协同和平衡视角下的单维式基本心理需要满足[J]. 心理科学进展,2020,28(12):2076-2090.

[190] 张旭,樊耘,黄敏萍,等. 基于自我决定理论的组织承诺形成机制模型构建:以自主需求成为主导需求为背景[J]. 南开管理评论,2013,16(06):59-69.

[191] 岑延远. 基于自我决定理论的学习动机分析[J]. 教育评论,2012(04):42-44.

[192] 柴晓运,龚少英,段婷,等. 师生之间的动机感染:基于社会认知的视角[J]. 心理科学进展,2011,19(08):1166-1173.

[193] 赵燕梅,张正堂,刘宁,等. 自我决定理论的新发展述评[J]. 管理学报,2016,13(07):1095-1104.

[194] 赵慧娟,龙立荣. 基于多理论视角的个人-环境匹配、自我决定感与情感承诺研究[J]. 管理学报,2016,13(06):836-846.

[195] 史珈铭,赵书松,吴俣含. 精神型领导与员工职业呼唤——自我决定理论视角的研究[J]. 经济管理,2018,40(12):138-152.

[196] 李伟,梅继霞,周纯. "大材小用"的员工缘何不作为?——基于自我决定理论的视角[J]. 外国经济与管理,2020,42(10):76-90.

[197] 黄秋风,唐宁玉,陈致津,等. 变革型领导对员工创新行为影响的研究——基于自我决定理论和社会认知理论的元分析检验[J]. 研究与发展管理,2017,29(04):73-80.

[198] 曹曼,席猛,赵曙明. 高绩效工作系统对员工幸福感的影响——基于自我决定理论的跨层次模型[J]. 南开管理评论,2019,22(02):176-185.

[199] 贾建锋,赵雪冬,赵若男. 人力资源管理强度如何影响员工的主动行为:基于自我决定理论[J]. 中国人力资源开发,2020,37(03):6-17.

[200] 张剑,张建兵,李跃,等. 促进工作动机的有效路径:自我决定理论的观点[J]. 心理科学进展,2010,18(05):752-759.

[201] 张建卫,周洁,李正峰,等. 组织职业生涯管理何以影响军工研发人员的创新行为?——自我决定与特质激活理论整合视角[J]. 预测,2019,38(02):9-16.

[202] 于海云,赵增耀,李晓钟,等. 创新动机对民营企业创新绩效的作用及机制研究:自我决定理论的调节中介模型[J]. 预测,2015,34(02):7-13.

[203] 靳明,王静,及化娟,等. 体力活动促进自我决定理论模型的拓展:建成环境支持的增值贡献[J]. 沈阳体育学院学报,2017,36(04):84-91.

[204] 高中华,赵晨,付悦. 工匠精神的概念、边界及研究展望[J]. 经济管理,2020,42(06):192-208.

[205] 王靖. 新时代工匠精神的价值内涵与大学生职业精神的塑造[J]. 中国高等教育,2019(05):60-62.

[206] 王天平,陈文. 基于传统工匠精神的新时代教师品质及其培育路径[J]. 教育研究与实验,2019(01):68-73.

[207] 吴郁雯,华瑞,付景涛. 因参与而承诺:自我决定理论视角下的工作繁荣形成机制研究[J]. 中国人力资源开发,2019,36(11):110-123.

[208] 朱晓妹,陈俊荣,周欢情. 复杂适应性领导会激发员工创新行为吗?——基于自我决定理论的视角[J]. 兰州学刊,2020(11):128-138.

[209] 刘玉新,张建卫,王稀娟. 管理者工作家庭冲突研究:自我决定理论的视角[J]. 华东经济管理,2009,23(03):85-94.

[210] 杨富,姚梅芳,张军伟. 高承诺工作系统对员工组织公民行为的影响——基于自我决定理论的视角[J]. 南京师大学报(社会科学版),2017(02):67-75.

[211] 李淑玲. 智能化背景下工匠精神的新结构体系构建——基于杰出技工的质性研究[J]. 中国人力资源开发,2019,36(08):114-127.

[212] 曾宪奎. 我国经济发展核心竞争力导向问题研究[J]. 福建论坛(人文社会科学版),2018(07):27-35.

[213] 曹胜强. 中国匠心文化赋能新时代应用型人才培养研究[J]. 国家教育行政学

院学报,2020(04):34-40.

[214] 鲍风雨,杨科举.新时代高等职业教育"工匠精神"的培养策略[J].中国高等教育,2018(20):58-59.

[215] 方阳春,陈超颖.包容型人才开发模式对员工工匠精神的影响[J].科研管理,2018,39(03):154-160.

[216] 江辛,王永跃,温巧巧.学习目标导向对员工创新行为的作用机制研究[J].科研管理,2018,39(10):100-107.

[217] 任杰,路琳.以学习目标导向为中介的知识贡献行为的心理促动因素研究[J].上海管理科学,2010,32(01):89-95.

[218] 夏瑞卿,杨忠.目标导向与员工创造力的关系研究——有调节的中介效应分析[J].浙江工商大学学报,2014(04):104-112.

[219] 于海云,赵增耀,李晓钟,等.创新动机对民营企业创新绩效的作用及机制研究:自我决定理论的调节中介模型[J].预测,2015,34(02):7-13.

[220] 黄攸立,檀成华.学习目标导向对研究生创造力的影响机制研究[J].研究生教育研究,2016(02):36-42.

[221] 谢雅萍,陈睿君.团队技术创新失败、失败复原与连续创新行为——团队创新激情的调节作用[J].科研管理,2020,41(10):63-71.

[222] 张剑,张建兵,李跃,等.促进工作动机的有效路径:自我决定理论的观点[J].心理科学进展,2010,18(05):752-759.

[223] 张昊民,董晓琳,马君.双创背景下个体成就目标导向对创业倾向及新创企业创新能力的影响[J].科技进步与对策,2017,34(06):97-102.

[224] 张武威,杨秀珍,魏茂金.疫情期间以学习成果为导向的翻转课堂教学创新[J].高等工程教育研究,2020(05):194-200.

[225] 郑兰琴,钟璐,牛佳玉.目标导向的协作学习活动设计与案例分析——以表现性目标导向的协作学习活动为例[J].现代教育技术,2020,30(11):47-54.

[226] 宋文豪,顾琴轩,于洪彦.学习目标导向对员工创造力和工作绩效的影响[J].工业工程与管理,2014,19(02):28-34.

[227] 张永军,廖建桥,张可军.成就目标导向、心理安全与知识共享意愿关系的实证研究[J].图书情报工作,2010,54(02):104-108.

[228] 马君,张昊民,杨涛.绩效评价、成就目标导向对团队成员工作创新行为的跨层次影响[J].管理工程学报,2015,29(03):62-71.

[229] 郑雅琴,贾良定,尤树洋.灵活性人力资源管理系统与心理契约满足——员

工个体学习目标导向和适应性的调节作用[J]. 经济管理,2014,36(01):67-76.

[230] 周小兰. 认知视角下团队成就目标导向对团队学习的影响研究[J]. 软科学,2017,31(01):90-94.

[231] 赵慧娟,龙立荣. 基于多理论视角的个人-环境匹配、自我决定感与情感承诺研究[J]. 管理学报,2016,13(06):836-846.

[232] 薛宪方,褚珊珊,宁晓梅. 创业团队目标导向、内隐协调与创造力的关系研究[J]. 应用心理学,2017,23(04):336-344.

[233] 梁冰倩,顾琴轩. 团队成员学习目标导向离散化与团队创造力研究[J]. 管理学报,2015,12(01):72-79.

[234] 赵红丹,刘微微. 教练型领导、双元学习与团队创造力:团队学习目标导向的调节作用[J]. 外国经济与管理,2018,40(10):66-80.

[235] 范晓明,王晓玉,杨祎. 手工制作效应——手工制作对产品质量评价的影响研究[J]. 管理科学学报,2019,22(08):33-45.

[236] 高德步,姚武华. 新时代文化产业工匠精神的内核与形成机制[J]. 宁夏社会科学,2018(04):46-49.

[237] 高中华,赵晨,付悦. 工匠精神的概念、边界及研究展望[J]. 经济管理,2020,42(06):192-208.

[238] 顾昭明,张剑. 把加快发展现代职业教育摆在更加突出的位置[J]. 中国高等教育,2018(24):16-18.

[239] 桂宇晖. 器、物、趣——工匠文化的历史图景[J]. 南京艺术学院学报(美术与设计),2017(04):24-28.

[240] 韩巧燕,岳志强. 科研人员创新的"三个难题"[J]. 人民论坛,2019(03):80-81.

[241] 黄凯. 以"手作"传承创新工匠精神的价值与路径分析[J]. 晋阳学刊,2020(03):140-143.

[242] 李丹,郑世良. 研究生工程伦理教育中融入劳模文化的创新实践探索[J]. 学位与研究生教育,2019(04):40-45.

[243] 李朋波. "工匠精神"究竟是什么:一个整合性框架[J]. 吉首大学学报(社会科学版),2020,41(04):107-115.

[244] 王文卓,孙遇春,徐振亭. 学习目标导向、留职动机与工作投入的关系——组织学习氛围的跨层次调节作用[J]. 工业工程与管理,2017,22(04):176-184.

[245] 贾建锋,赵雪冬,赵若男.人力资源管理强度如何影响员工的主动行为:基于自我决定理论[J].中国人力资源开发,2020,37(03):6-17.

[246] 郝喜玲,陈忠卫,刘依冉.创业者的目标导向、失败事件学习与新企业绩效关系[J].科学学与科学技术管理,2015,36(10):100-110.

[247] 李群,栗宪,张宏如.制造业高质量发展背景下师徒指导关系对新生代农民工创新绩效的影响机制——一个双调节的中介模型[J].宏观质量研究,2020,8(05):14-26.

[248] 陈建录,袁会晴.高校创新创业教育中的工匠精神培育[J].教育研究,2018,39(05):69-72.

[249] 蒿慧杰.工作焦虑、工作投入与员工创造力关系研究——员工授权的调节作用[J].经济经纬,2020,37(04):133-141.

[250] 陈晓暾,程姣姣.包容领导行为与员工创新绩效的关系研究——一个有中介的调节模型[J].软科学:1-13.

[251] 马伟,苏杭.差序氛围感知对员工创新行为的影响[J].科技进步与对策,2020,37(21):136-143.

[252] 苗仁涛,曹毅.资本整合视角下高绩效工作系统对员工创新行为的影响——一项跨层次研究[J].经济科学,2020(05):72-85.

[253] 王楠,王莉雅,王海军.开放性知识搜索对员工创新行为的影响——注意力分配的调节作用[J].技术经济,2020,39(10):70-79.

[254] 刘宗华,李燕萍.绿色人力资源管理对员工绿色创新行为的影响:绿色正念与绿色自我效能感的作用[J].中国人力资源开发,2020,37(11):75-88.

[255] 覃大嘉,曹乐乐,施怡,等.职业能力、工作重塑与创新行为——基于阴阳和谐认知框架[J].外国经济与管理,2020,42(11):48-63.

[256] 覃大嘉,李根祎,施怡,等.基层技能员工感知的职业可持续性对其创新行为的作用机制研究——基于阴阳和谐认知视角[J].管理评论,2020,32(09):205-219.

[257] 苏勇,王茂祥.工匠精神的培育模型及创新驱动路径分析[J].当代经济管理,2018,40(11):65-69.

[258] 王焯."工匠精神":老字号核心竞争力的企业人类学研究[J].广西民族大学学报(哲学社会科学版),2016,38(06):101-106.

[259] 徐振亭,罗瑾琏,曲怡颖.自我牺牲型领导与员工创新行为:创造过程投入与团队信任的跨层次作用[J].管理评论,2020,32(11):184-195.

[260] 彭伟,朱晴雯,乐婷.包容型领导影响员工创造力的双路径——基于社会学习与社会交换的整合视角[J].财经论丛,2017(10):90-97.

[261] 王华强,袁莉.魅力型领导、创造自我效能感与员工创造力[J].华东经济管理,2016,30(12):143-147.

[262] 张晶,舒曾,胡卫平,等.教师创造性教学行为与中小学生创造性自我效能感的关系:一个有调节的中介模型[J].心理与行为研究,2017,15(01):92-100.

[263] 余传鹏,叶宝升,朱靓怡.知识交换能否提升旅游企业员工的服务创新行为?[J].旅游学刊,2020,35(12):92-108.

[264] 马璐,陈婷婷,谢鹏,等.不合规任务对员工创新行为的影响:心理脱离与时间领导的作用[J].科技进步与对策:2020,(11):1-8.

[265] 谢宝国,郭永兴,夏德.上级工作投入是如何传递给下属的?一个涓滴模型的检验[J].管理评论,2018,30(11):141-151.

[266] 陈春晓,张剑,张莹,等.员工工作动机和工作投入与心理幸福感的关系[J].中国心理卫生杂志,2020,34(01):51-55.

[267] 龚怡琳,盛小添,王潇,等.专念对工作重塑的影响:工作投入的中介作用[J].心理科学,2020,43(01):187-192.

[268] 马跃如,郭小闻.组织支持感、心理授权与工作投入——目标导向的调节作用[J].华东经济管理,2020,34(04):120-128.

[269] 曾练平,何明远,潘运,等.工作家庭平衡双构面视角下社会支持对农村教师工作投入的影响:一个多重中介模型[J].心理与行为研究,2018,16(04):518-524.

[270] 祝哲,张曦文,彭宗超.用工"双轨制"对应急救援队伍工作投入的影响机制——基于消防员调查数据的路径分析[J].经济社会体制比较,2020(06):73-82.

[271] 夏果平,谭德礼.内在动力激发视角下高职学生工匠精神培育[J].中国青年社会科学,2019,38(05):61-66.

[272] 肖坤,夏伟,罗丹,等.新经济背景下培育工匠精神的路径与探索——顺德职业技术学院的经验[J].高教探索,2019(05):84-88.

[273] 熊峰,周琳."工匠精神"的内涵和实践意义[J].中国高等教育,2019(10):61-62.

[274] 杨英. 高职学生工匠精神的价值意蕴、内化图式及实现路径[J]. 学校党建与思想教育, 2017(22):43-44.

[275] 叶龙,刘园园,郭名. 包容型领导对技能人才工匠精神的影响[J]. 技术经济, 2018,37(10):36-44.

[276] 吕小康,姜鹤,褚伟可,等. 医护合作对工作投入的影响:风险感知与职业认同的链式中介作用[J]. 心理科学, 2020,43(04):937-942.

[277] 叶龙,刘园园,郭名. 传承的意义:企业师徒关系对徒弟工匠精神的影响研究[J]. 外国经济与管理, 2020,42(07):95-107.

[278] 张凯亮. 基于工匠精神培育的大学生创新创业能力提升研究[J]. 教育理论与实践, 2017,37(12):21-23.

[279] 王万竹,金晔,姚山季. 调节聚焦的操控、测量以及在营销领域的应用述评[J]. 华东经济管理, 2012,26(11):143-147.

[280] 李启庚,赵晓虹,余明阳. 在线评论信息结构与消费者调节聚焦对评论感知有用性的影响研究[J]. 上海交通大学学报(哲学社会科学版), 2017,25(04):87-96.

[281] 常涛,刘智强,周苗. 团队中成员间人际竞争维度解构:调节聚焦视角[J]. 管理工程学报, 2018,32(04):28-36.

[282] 朱丽叶. 调节聚焦理论及其在营销研究中的应用[J]. 经济经纬, 2009(05):120-123.

[283] 赵乐,乐嘉昂,王雷. 领导调节聚焦行为对越轨创新的影响——创新资源结构性紧张和创造力的联合调节作用[J]. 预测, 2019,38(01):1-7.

[284] 尚玉钒,李磊. 领导调节聚焦行为:构念的开发与验证[J]. 管理评论, 2015,27(08):102-116.

[285] 赵居礼,贺建锋,李磊,等. 航空工匠精神培育体系的探索与实践[J]. 中国高等教育, 2019(02):59-61.

[286] 郑永进,操太圣. 现代学徒制试点实施路径审思[J]. 教育研究, 2019,40(08):100-107.

[287] 周菲菲. 日本的工匠精神传承及其当代价值[J]. 日本学刊, 2019(06):135-159.

[288] 朱京凤. 工匠精神的制度与文化支撑[J]. 人民论坛, 2017(13):100-101.

[289] 朱永坤. 工匠精神:提出动因、构成要素及培育策略——以技术院校为例[J]. 四川师范大学学报(社会科学版), 2019,46(02):133-141.

[290] 庄西真.多维视角下的工匠精神:内涵剖析与解读[J].中国高教研究,2017(05):92-97.

[291] 张敏,张一力.从创业学习者到网络主宰者:基于工匠精神的探索式研究[J].中国科技论坛,2017(10):153-159.

[292] 汪玲,张敏,方平,等.个体及同伴调节聚焦对目标追求的影响[J].心理科学,2017,40(03):664-669.

[293] 刘镜,赵晓康,沈华礼.员工职业生涯规划有益于其创新行为吗?——持续学习和自我效能的中介作用及组织氛围的调节作用[J].预测,2020,39(04):53-60.

[294] 段锦云,肖君宜,夏晓彤.变革型领导、团队建言氛围和团队绩效:创新氛围的调节作用[J].科研管理,2017,38(04):76-83.

致　　谢

本书是在我至今所做的相关研究的基础上发展而来的,既是对工匠精神研究的一个阶段性总结,也是对一些工匠精神研究中尚未解决的问题的进一步探索。虽然学术研究的道路并不平坦,但是一路走来也并未觉得艰辛,反而觉得越来越有乐趣。乐趣并非来自此专著即将出版,而是一直以来的成长和进步,是逐渐悟道的过程。当然,这一过程离不开国家的培养、领导的关心、学生的努力、亲人的支持和朋友们的帮助。在书稿付梓之际,谨对他们表示由衷的感谢。

首先,感谢我所在的工作单位——北京邮电大学经济管理学院对本书出版提供的支持和帮助。我由衷地感谢北京邮电大学经济管理学院院长王欢教授、党委书记胡启镔老师、副院长何瑛教授、前任副院长(现任现代邮政学院院长)闫强教授、副院长马晓飞教授、党委副书记宋娟老师、前任工商管理系主任张生太教授等各位领导为青年教师成长所创造的学术氛围及学术条件,同时也感谢学院的各位同仁给予我个人的关心、指导和帮助。

其次,特别感谢我的博士生周锦来同学以及即将成为我的博士生的林晨同学,你们为本书的出版做了大量卓有成效的工作;同时也要感谢首都经济贸易大学的刘琪和徐燕两位博士生,你们为本书的数据整理和文稿校对做出了贡献。我很敬畏博士生导师这个称号,这不仅意味着可以在真正意义上组建研究团队开展更宏大、更有意义的研究,同时也意味着更大的责任,需要个人能力有更大的提升。我很愿意与你们一起开展研究,也希望你们能享受学术研究的点滴时光,甚至能一生平和淡然地从事科学研究。

最后，我还要感谢我的家人，这本书也凝聚着你们的心血。父母的爱护是最博大、最无私的，你们始终在背后为我默默付出，同时为我获得的点滴成绩而欣喜。感谢我的妻子，你是我生活上的伴侣，也是我工作上的伙伴，更是研究灵感的来源。感谢我的一双儿女，你们是我人生中最大的收获与幸福，你们脸上的笑容是我辛勤工作的不竭动力。

本书的出版是一个阶段的总结，更是一个全新的起点，我将加倍努力，开启新的征程。

赵　晨

于北京邮电大学

2020 年 12 月 31 日